大是文化

一人業務的
最強集客術

一人公司、一人業務，
或老闆沒給預算的一人行銷必讀寶典，
四步驟讓「潛在顧客」想買時第一個找你。

CarriageWay顧問公司代表董事、
幫助超過3萬人成功集客
今井孝 ◎著　林信帆 ◎譯

ひとり社長の最強の集客術

CONTENTS

目錄

第二章 集客有四步，多數人輕忽第一步

第三章 賺錢公司都在用的成功邂逅祕笈

第四章

拉進關係——他想買東西都先找你

第五章
最關鍵的時刻：評估與購買

第六章 集客力就是你的行動力

推薦序一

內建行銷思維變成超級業務

「故事革命」創辦人／**李洛克**

收到《一人業務的最強集客術》時，讓我忍不住想起當兵剛退伍，短暫幾個月的菜鳥業務時光，當時我每天要打電話問候、路上按門鈴拜訪、掃街發傳單塞信箱，苦苦追求每週被主管設定的簽約目標，像個無頭蒼蠅一樣亂闖，而且是非常煩人、大家都想把你趕走的蒼蠅。

十二年過去了，現在對行銷與經營個人品牌有經驗的我，回頭看當時的自己簡直傻得可笑，**用著錯誤的方式努力，結果也是徒勞**。如果當時有人能正確的教我怎麼做業務、讓自己有品牌，相信我一定可以少走很多冤枉路，《一人業務的最強集客術》就是**一本適合新人業務一讀的好書**。

書中雖然傳授如何做業務，但更精準的說，是在教你**如何經營自己的專業形象**。書名的「集客」兩字用得很好，因為本書的核心論點就是在做**集客式行銷**（Inbound marketing）。集客式行銷，是一種使用優質內容來吸引客戶的網路行銷方式。也就是透過**分享知識內容幫助潛在客戶解決問題**，最終將網友變成消費者。

傳統的集客式行銷較專注於分享網路上的內容，例如撰寫符合搜索引擎規則的內容，讓網友搜索問題時，能對應上你製作的解決方法。而本書則是把集客式行銷轉換為在實體場景，告訴你可以怎麼操作，更符合業務的需求。

作者同時提出一個「九十天內必定有效的集客四步驟」：邂逅、拉近距離、評估、購買。

這些步驟的原型其實就是電子商務的「行銷漏斗」。我們把陌生網友變成消費者的過程，化為四個步驟：觸及、熟悉、信任、轉換。作者把行銷漏斗加入人際互動重新演繹一遍，告訴讀者從線上轉變成線下場景時可以怎麼行動。

如果你是剛出社會的新人業務，本書能幫你內建很多行銷觀念，讓你未來想學線上行銷時可以觸類旁通。若你已對行銷略有了解，卻必須轉換到業務跑道，本書則可以讓你無痛跨界，更高效的做開發工作。

集客的核心其實是個人品牌，讓**業務不只是銷售員，而是真誠分享的領域專家**。幫自己重新定位，才能在業務中取得業績與成就感，同時賺取優渥的薪資與助人的幸福感等兩份收入。

推薦序二

對人感興趣，生活很有趣

NU PASTA 總經理、超強人脈經理人／吳家德

我看完《一人業務的最強集客術》的第一感想，是：「寫得太好了！想成為頂尖業務高手，就該要有這本書。」有些讀者一定很好奇我為何會這麼說。答案就是：「內容實用，方法易學，不論菜鳥或資深業務皆可快速吸收。」

業務，是我一生都不會撕掉的標籤。因為業務讓我賺到錢、升官，更

讓我通透人情義理，在人生道路上快樂前行。更直白的說，練就業務好功夫，穩操勝券不會輸。

我曾說：「對人感興趣，生活很有趣。」當你願意敞開心胸與人互動，你就擁有優質業務的DNA。人生是一條不斷闖關的單行道，當一位懂得欣賞沿路風景並與人同行的好業務，會有美好的回憶。

我十分認同作者提出的集客理論。當一名稱職的業務，雖然最後看的是成交率，但關注如何認識人、與人互動、讓人喜歡、建構人脈圈，以及如何讓熟客不斷介紹新客等問題，更是關鍵。這些在書裡統統有提到，這也是為什麼我越看越驚喜。一位跨海作者寫出的心法，竟跟我二十多年的業務實戰經驗一樣，實屬有趣。

還記得自己剛成為菜鳥業務時，我問主管：「我的客戶在哪裡？」主管竟回答：「就是馬路上的路人甲、乙、丙。」當時，我有些不服氣，認為主管胡說八道，路人那些人怎麼可能是準客戶？照這樣的邏輯去說，全世界的人不就都是我的客戶嗎？

不過，經過數十年的業務歷練，再加上對顧客關係的掌握與了解。現在的我也會說，客戶就是那些路人甲、乙、丙。因為**做業務，最重要的心態與做法就是邂逅人群，不放過有機會和你產生連結的任何一位人**。而這個觀念，全在書中印證。

我常說，**銷售不是「賣」東西給客戶，而是幫客戶「買」東西**。人們厭倦被推銷，喜歡在沒有壓力的情境下購物。所以，要成為一名好業務，就要從旁協助客戶，讓他喜歡你、相信你，進而達到成交目的。

業務根本在集客；集客之道在邂逅。邂逅這等美妙滋味，只有親身嘗試才知道。

推薦序三

誰能打開市場，誰就能留在市場

行銷表達技術專家、Podcast《銷幫》幫主／**解世博**

我曾做銷售業務長達十五年，而現在的我已自行創業十二年。很慶幸的是，這兩段歷練裡，我都能有傑出的表現。有很多朋友好奇我如何在職場上存活下來，還能有好的業績表現。

雖說各方面的因素都很重要，但我認為最關鍵一點，就是「集客力」。

更直白的說，我認為「**不論是銷售業務或想創業，如果無法成功集**

客，就會註定失敗」。

或許有些人覺得這句話說得很重，但如果你看到創業成功率有多低、銷售業務工作的離職率與流動率有多高，就能理解所有的關鍵，就在於集客，而這份能力也決定了誰能在競爭市場中，留下或是被淘汰。

換個角度思考，不管是留下來或被淘汰的人，其產品服務都不會太差（事實上，每個產品都有不同的亮點），彼此的創意跟才智也難分高下，最後的結局卻極為不同，這就是我常說的「**誰能打開市場，誰就能留在市場**」，也是《一人業務的最強集客術》探討的主軸。

弔詭的是，明知集客很重要，很多人卻不願面對這個關鍵問題。而把精力、心思投入產品服務研發，大部分的銷售夥伴鑽研專業知識或是比較商品差異，但仍沒解決最關鍵的問題：「你能跟哪些人分享？」、「能否找到更多人願意聽你的介紹？」結果就是，雖然你覺得自己很忙錄，實際上卻是沒進度。

當我看到作者提出的集客四步驟：邂逅、拉近距離、評估與購買，同時回顧這十二年裡，我輔導的上千個業務團隊案例，有特別深的感觸。

首先，在認知上就能讓讀者清楚知道，業績不好的人與頂尖業務之間，集客時的想法思維有哪些差異。

在與人邂逅這部分，作者更用許多案例讓你發現，不論實體或虛擬，竟有那麼多的可行做法，而且招招都管用。

拉近距離的目的，在於建立關係。這將決定客戶買不買單、評估你是否值得信任，藉著書中的案例，你一定能舉一反三，贏得信任變得好簡單。這時你會發現，讓客戶進一步評估與購買的機率就能大大提升。

不論你從事銷售工作，或是創業者，我衷心推薦這本書，相信它能為你帶來好業績！

前言

只要九十天，業績必能穩定成長

「營收不穩定，今年業績怎麼辦？」

「營收受到景氣、業界和顧客的影響。」

「現在都靠別人介紹，沒辦法自己開發潛在顧客。」

相信有不少經營者，正因這些狀況而覺得不安。

當產品或服務無法吸引顧客時，這會讓許多人感到恐慌、甚至開始想：「今後會不會接不到訂單？」、「景氣會衰退嗎？」、「明年還能撐下去嗎？」可是，當你為了避免出現上述狀況，開始做一些補救時，很可能處於以下這些狀態：

「花錢買廣告，卻沒有客人上門。」

「參加交流會或經營社群媒體，卻毫無成效。」

「出門談生意，總是被打槍。」

「不知道怎麼吸引顧客點擊網頁。」

「太多集客方法，反而感到不知所措。」

請放心。只要實踐本書的內容，就能消弭這些不安。你會知道該做什麼，才能創造營收，不管下個月還是明年都能穩定集客，就算景氣或業界蕭條，也不會受到太大影響。

本書會提到以下的案例：

- 婚姻介紹所的營收變三倍。
- 伴手禮店的營收爆發性成長。
- 委託自動上門的律師事務所。
- 經營老顧客，營收一樣會成長。
- 零成本讓補習班順利招到學生，營運步入正軌。

只要稍微動點腦筋思考怎麼集客，便能讓營收有戲劇性的成長。

集客——吸引顧客可以簡單分成四個步驟。跟著書中的方法行動，**只要九十天，就能讓營收成長，一年創造出讓營收穩定的機制。**

本書除了具體描述攬客技巧，有系統的講解行銷理論，更協助讀者理解並實踐。

不管是哪種行業或事業規模，不管是否出現新工具，本書解說的集客四步驟，過了幾十年、幾百年也不會改變。

請務必將本書放到書桌上，在你想重新審視集客時，拿出來翻閱。每次閱讀，肯定都會有全新的發現。

第一章

我的最強集客術，從「不做」開始

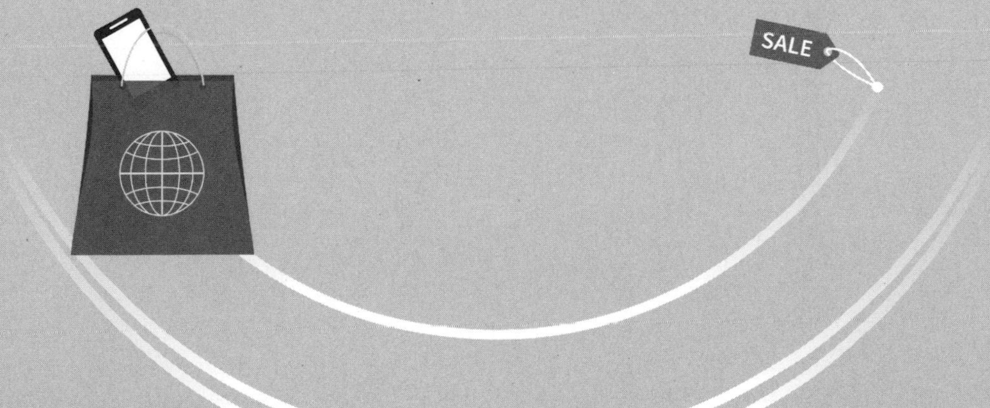

「商品賣不掉。」

「沒辦法讓營收增加。」

我聽了某位經營者這麼說後，便開始調查背後原因，結果發現一件有趣的事情：商品之所以賣不掉，不是因為商品不好，也不是因為跑業務老是被拒絕。

為什麼有的公司就是無法提高營收？

不忙著找潛在顧客，找願意聽我說話的人

其實，**營收沒增加最常見的原因，是商品根本沒有銷售對象。**

許多業務都同意這個說法：「的確，仔細想想，如果有人願意聽商品介紹，幾個人裡面就會有一個人購買。可是偏偏沒有介紹產品的機會。」

這點對於保險業務員來說，也一樣。

「業績不好的保險業務員都在做什麼？」

你會怎麼回答這個問題？

很多人會回答「在推銷」、「在上門兜售」或「在說明商品」。

實際上並不是。

若詢問跑過業務的人，你會得到相同的答案。

「業績不好的業務常在咖啡廳打發時間。」他們不是討厭跑業務，所以偷懶。只要有人願意聽他們說話，他們都很樂意介紹商品。但就是沒人願意聽，這些業務才會到咖啡廳打發時間。

為什麼會發生這種狀況？

引發這種問題的原因，在於這類人對集客方法有誤解。

其實陷入這種狀況的業務，是因為想馬上賣掉商品才行動。「我現在正賣這種商品，要不要考慮買一下？」他們會聯絡認識的人，突然跟對方介紹商品。然而得到的回答往往是「現在不需要」，沒人願意購買。當這類型的業務把所有認識的人都問過一遍後，就沒有人肯聽他說話了。

所以他們才會沒事可做，跑到咖啡廳打發時間。

可能有人覺得這是廢話，也有人看了會覺得很驚訝吧。

想讓他人購買商品，第一步必須增加願意聽商品說明的人——換句話說，就是集客。

不急著拜訪，讓顧客自己來找你

你可能會湧現一種想法：「既然身邊沒有銷售對象，那就到其他地方找會買產品的人吧。」於是參加交流會或使用社群媒體。

這裡錯誤的地方在於，你把目的設定成「找顧客」。實際去一趟交流會就會知道，**接觸的十人中，沒人會直接成為自己的顧客**。你遇到顧客的機率非常低，甚至可以說，遇到的一百人中，只有一個可能成為自己的客戶。大多情況下都是掛零，說實話，這種做法不太有效率。

這跟上門推銷產品的成功率一樣低。**一個跟你完全沒有信賴關係的人，幾乎不會買你的商品或委託你**。

不管去幾次交流會都無法賣掉產品，只是白白浪費時間和金錢，有時還會反過來被別人推銷。於是，大多數的人會說「去交流會毫無意義」，參加過兩、三次後就不再去了。因為他們抱著「找顧客」的想法，所以得到這種結果。

有些人因覺得交流會毫無效率，所以開始嘗試活用社群媒體。可是當你聯絡其他人，突然丟私訊推銷時，對方總是已讀不回，或是不再和你聯絡。畢竟，突然收到推銷訊息，多數人都會被嚇跑。

這樣看下來，交流會和社群媒體真的沒有意義嗎？其實並非如此。也有很多人善用這兩樣工具，確實賺到錢。

主要的差異，在於這些人去參加交流會，不是為了找顧客。

當然，他們終究希望能找到顧客，但不會打從一開始就只為了找顧客而參加交流會，或是馬上推銷商品。就算不知道對方是否會成為自己的客戶，他們仍會先跟對方維持人際關係。

後面會詳述這麼做的理由。

不要只聯絡「看起來會買的人」

假設你參加聚會，並跟二十幾個人交換了名片。聚會結束後，你會寄感謝郵件給幾個人？

聽到這個問題，大多數人都說「我沒寄」。就算有寄，頂多只寄給兩、三個看起來有意願購買的人而已。換句話說，其他收到的名片會被擺到一邊。

請仔細想想，你寄感謝郵件給那幾個人後，有幾個人成為你的顧客？結果往往是期待落空、東西完全賣不掉，因對方根本沒回信。這也是會讓人覺得「參加交流會沒有意義」，或「寄感謝郵件沒效率」的原因。

比起上述狀況，那些業績很好的人則是換了二十張名片，就寄感謝信給這二十個人，邂逅一百個人就寄一百封感謝信。當然，不是所有人都會回信，可能只有一半的人回信，甚至只有三成。

如果你跟這些人一樣，收到多少名片，就寄多少信，便可能會和其中幾人變親密，最後他們決定買你的商品。你將會意外的發現：「咦？原來他對這項商品感興趣。」

換句話說，你根本無法預測誰會成為顧客，所以你會需要一套不仰賴預測的集客機制，我會在後面內容介紹並解說這套方法。

不管對方會不會買，都先提供服務

「只服務願意買的人」可能是一件再自然不過的思考方式。如果老是提供免費服務，的確會越做越窮困。當對方說：「我們是朋友，所以免費送我這個吧。」如果你輕易答應對方，可做不成生意了。但假設對方不付錢，你就不提供任何服務，就交易來說，一樣行不通。

打個比方，你去一家英語會話補習班，對方表示必須完成報名才能知道所有的資訊，你聽了有什麼感受？

問：「你們用什麼講義？」

答：「要先完成報名才能告訴您。」

問：「老師是外國籍嗎？還是本國籍？」

答：「要先完成報名才能告訴您。」

問：「我現在的程度跟得上嗎？」

答：「要先完成報名才能告訴您。」

這樣的回答肯定讓你很不爽。同樣的，不能試駕的車、不能試用的化妝品和不能參觀的大樓，也會讓人產生疑慮，怕得不敢掏錢。

所以「只服務願意買的人」這種態度非常不友善。**在買賣過程中，有必要在顧客購買商品前，就先提供某些服務。**

不在乎被拒絕

有些人在交換名片或發傳單時，會露出「要是錯過這個顧客，我就沒後路了」的緊張模樣，一直不停的介紹。因他們怕被拒絕，所以很拚命。

可是，即便他們花很多時間向顧客介紹商品，不會買的人就是不會買，業績因此無法提升，於是這類人漸漸變得討厭跑業務。

很懂銷售的人不會做這種事情，他們只會爽快的交換名片或發傳單。即使對方沒有任何反應，他們也不會在意。除非對方發問，否則不會主動說明傳單上的東西。

這樣一來，花在每一個人身上的時間就會變短，能接觸更多人、發更多的傳單。傳單較容易發到有興趣的人手上，找到顧客的機率也會變高。

換言之，**業績不好的人討厭被拒絕，頂尖業務則不在乎被拒絕**。如果你能理解本書解說的集客機制，就會明白「被拒絕也沒關係」。

不隨便撒錢，特別是行銷預算

手上沒剩半毛錢的經營者，常常搞錯花錢的地方和時間點。

常見的賠大錢模式，就是不知道商品會不會賣，就投資大筆廣告費。期待刊登廣告後，能吸引人來消費，可是事後卻完全沒有迴響，沒人來信詢問，電話也沒有響。

「我都花這麼多錢了……。」我看過好幾個老闆一臉鐵青這樣說。

還有一種況狀是，某人的商品明明賣得掉，他卻捨不得花錢下廣告。結果，即便營收能維持在某種程度，也不會再成長，不會增加新客人，所以不知道幾年後是否還能維持同樣的營收。

另外，也有人會中斷明明很有效果的廣告。因為本人覺得沒效，結果錯失了難得的營收機會。

事業順遂的人會把錢花在刀口上。首先，完成本書解說的不用花錢集客機制後，再確實編列預算下廣告。

不需要從零開始學

世界上有許多吸引顧客的方法。

特別是在網路普及後，集客工具或可用來招攬顧客的媒體都增加了。網路廣告、橫幅廣告、電子報、部落格、社群媒體、通訊軟體等，直到現在，每年都有新的東西，相信今後也會年年推陳出新。

由於現代時常推出新的工具或媒體，有很多社長跟不上科技變化。所以，每當出現新工具，就需要讀相關書籍或者參加研討會，可是，他們因無法馬上理解，最後以消化不良而告終。

另一方面，也有人很早就注意到新工具或媒體，並抓住潮流，讓營收逐漸成長。這樣的人如何熟練掌握工具？

其實只要理解集客的本質，就不需要從零開始學習工具或媒體。因為吸引顧客的本質完全不會改變。就算業種或商品不同，只要理解本質，不管做什麼事業都能成功集客。

所謂的一人，不代表只有你一人

在現代，我們很常聽到這個詞彙：「一人」，例如：一人公司、一人業務，或老闆從不給預算的一人行銷等。字面上來看，很多人誤以為是指不管什麼事情，都只能自己做、得具備各種技能。例如：

「要會商品開發。」

「能銷售產品。」

「懂得吸引客人。」

「必須會製作傳單或網站。」

「發生問題必須自己解決。」

像這樣，把所有事都攬在自己身上，於是事業的步調逐漸減緩。甚至也有不少人承受不住，就此歇業或辭職。

有些老闆會自己想辦法經營下去，然後苦撐十年、二十年。這麼做不但沒什麼利潤，也幾乎沒有私人時間，心中更覺得沒得到相對應的回報。

而能幸福工作的一人公司、業務或行銷，則會採取互助模式（後面內容會提到）。集客也一樣，不是只靠自己一個人。只要明白這個道理，事業就會變得很快樂。

最強集客術重點整理

- 銷售前，先找願意聽商品說明的人。
- 交流會或社群媒體，是用來維繫關係，而非找顧客。
- 你無法預測誰會願意買，所以不要先過濾要跟誰打好關係。
- 面對尚未購買的人，一樣要提供服務。
- 接觸他人時，把被拒絕當作常態。
- 在對的時間點投入資金。
- 不管工具或媒體如何推陳出新，本質都一樣。
- 成功的一人業務會彼此合作。

第二章

集客有四步，多數人輕忽第一步

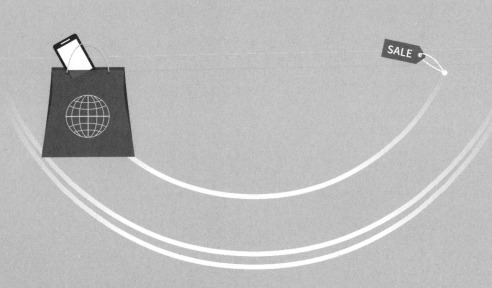

接下來會解說集客的具體步驟。

首先，最重要的是了解每個人對集客一詞，有不同的印象。

集客就是：邂逅、拉近距離、評估、購買

許多不懂集客的人，對集客的理解就會像左頁圖一樣，只有顧客會「評估」商品，然後「購買」等兩個步驟。

但是，如果集客只有這兩步，就會像第一章所說，很快就沒有人想聽你介紹。這是上門推銷的風格。總是在交流會上立刻推銷產品的人，對集客的認知僅是如此。

結果，不是商品賣不掉而放棄做生意，就是偶然遇到幾個顧客，勉強維持生活。

■ 不懂集客的人都把重點放在以下兩件事

評估

▼

購買

◎在商談之前你做了什麼？

懂得銷售的人，集客不會只有兩個步驟。他們在商談之前，還會做一些事情。追根究柢，「顧客到你這裡評估是否要購買東西」，**代表顧客信賴你，想聽你說話或商量**。

也就是說，商談前必須建構信賴關係。這裡會用稍微柔和一點的說法：拉近距離。如下頁圖所示，多一個動作，就改變人們對集客的印象。「的確，沒有信賴關係，就不會想聽人介紹。」光是能這麼想，行動就會有所改變。

◎重點不是「買什麼」，而是「跟誰買」

其實，過去曾有過不需要拉近距離，也能有好業績的時代。因為以前商品稀少，光靠上門推銷也能賣出各種東西。

■ 只要多一個動作，就能改變人們對集客的印象

但是在商品氾濫的時代，就不能這麼做了，你必須讓自己的產品從眾多選項中脫穎而出。所以重點不是「買什麼」，而是「跟誰買」。換句話說，會大幅**影響營收的關鍵，並非商品差異，而是信賴關係的差異**。

關於與對方拉近距離並建構人際關係的方法，我會在第四章解說。

本章會介紹集客中最重要的事情——邂逅，但很多人都忽略這點。其實，只要意識到邂逅是集客步驟中最重要的事，就能大幅提升集客能力。**因為要先與某人相遇，才能拉近距離**。

雖然看起來很像廢話，可是不擅長集客的人，往往少了這個認知。

「要創造事業上所需的營收，每個月必須遇到多少人？」聽到這個問題，不擅長集客的人幾乎回答不出來。

但能確實創造出營收的人，可以答出精確的答案。

我們知道拉近距離之前，需要邂逅，現在集客需要的所有步驟終於湊齊了，如同下頁圖。只要記住這四個步驟，對集客就會有實際的感受。

這個概念後面會出現好幾次，本書會將其稱為集客四步驟。

要邂逅幾個人，才會出現一個願意買的人？

這裡再重申一次，集客最重要的是邂逅。

因為這是集客的起點。

你的事業每個月要遇到多少人才能損益平衡，並創造出充分的利益？你有算過這個數字嗎？

想讓事業持續發展，必須確實觀察數字。不只要看營收或獲利這類的結果，也要計算創造結果的原因——邂逅的次數。

假設你參加好幾個活動，例如交流會、研討會、業界或者是地方聚會

■ 集客有四步驟，多數人輕忽第一步

等，每個月會邂逅一百個人。接著你和其中十個人交談，裡頭有三個人對商品感興趣，最後有一個人掏錢購買。

看到只有一個人願意花錢，有些人認為「我參加這麼多活動，只有這點效果」而停止行動，那麼一切就會宣告結束；至於懂集客的人，則很單純的認為「只要相遇一百個人，就會有一個人願意買」。

一百個是一個人。

兩百個是兩個人。

三百個是三個人。

營收會和邂逅人數等比提升。

所以只要單純的思考，「該怎麼做才能有效率接觸新的人」就好了。

當然，不斷邂逅人，很消耗時間和體力。但如果能用數字掌握效果，知道這麼做能提升成果，你就會想持續做下去。

如果不用數字管理，那麼，多數情況下會感到氣餒，覺得「努力得不到回報」或「做了這麼多卻沒有回饋」。

這點在網路集客或廣告集客也一樣。

在哪個社群媒體上，邂逅了多少人、跟幾個人建構信賴關係、有幾個人對商品感興趣、有多少人願意購買？

下廣告之後，有多少人來詢問，又有多少人願意購買？

應該要掌握這些數字並評估。

◎從目標倒推要如何行動

假設，有二十人願意購買客單價五十萬日圓的商品，營收就是一千萬日圓。

如果把營收一千萬日圓當作目標，五十人中有一人願意購買，那麼就能推算：只要邂逅一千個人就達成目標。

只看「營收一千萬日圓」，可能很難知道自己要做什麼，但如果設計目標「邂逅一千個人」，就能清楚知道應該怎麼行動（見下頁圖）。

若一年要邂逅一千人，每個月的目標人數約為八十人。

所以，接下來只要決定該參加什麼活動，如何使用社群媒體、透過多少人介紹、在哪個媒體下廣告之類的事情就好。

如何製造和他人相遇的機會

看完前文，相信你能了解營收沒成長的根本原因，是缺乏與人相遇。

大多數想結婚的人會感嘆自己遇不到對象，而賣不掉產品的業務，總會找各種理由：商品不好、業界不好或不景氣等。但就像找結婚對象一

■ 以營收 1,000 萬日圓為例，設計集客計畫

邂逅

取得聯絡方式。
交流會等活動：200 人。
廣告：500 人。
社群媒體：300 人。
總計：1,000 人。

拉近距離

持續提供資訊給這 1,000 人。

評估

商談人數：40 人。

購買

購買人數：20 人。

50 萬日圓 ×20 人＝ 1,000 萬日圓

樣，根本原因是遇的對象不夠多，所以才無法提高營收。

反之，**厲害的人會下功夫製造和他人相遇的機會**。他們不斷思考「該怎麼做才能有效遇到許多人」、「是否有效果比較好的社群媒體」，或是「有無能大量觸及的廣告媒體」等，然後收集資訊。

◎營收穩定＝穩定邂逅新的人

正如前文所說，**穩定營收，等於穩定與人邂逅**。

換句話說，營收不穩定，是這類人不會刻意製造機會，只靠偶然的機緣認識他人。於是，他們抱著不安的心情拚事業，像是「這個月還可以，但是下個月呢？」、「今年還能勉強撐過去，可是到了明年該怎麼辦呢？」等等。

所以，為了讓營收變穩定，每個月都要想辦法邂逅新的人。

短時間沒效果，不等於長遠沒效果

你讀到這裡應該能理解，**讓營收穩定成長的狀態，可稱為集客機制。**

然而，大多數人卻認為集客機制，就是「百發百中、一定賣得掉商品」的方法。

所以只要遇到有人不買或拒絕，便覺得「這個方法沒用」或「事情進展不順利」，然後不再使用該方法。

- 參加交流會，只有一個人對我的產品感興趣。
- 花錢買廣告，只有兩件詢問。
- 寄電子報，也只有兩件申請。

很多人碰到這種狀況，就會將其定義為失敗。

但實際上有很多情況是順利的。

我再次強調，就算一百個人中只有一個人願意購買也無妨，**只要能平衡損益，就是有效的集客**。

舉例來說，有一間整復所花三萬日圓下網路廣告，但每個月只來三個新客人讓他們很失望。

每次整復收費八千日圓，所以來三個客人，共收了兩萬四千日圓，跟三萬日圓的廣告費相比，乍看會產生六千日圓的虧損，但仔細詢問後發現，幾乎所有的客人都會變成回頭客，當他們來第二次、第三次，就會轉虧為盈。

這種情況下，當然繼續下廣告比較好。

也就是說，要用整體數字去觀察集客機制，藉此來判斷是否順利。

把心思花在你可控制的事情上

不擅長或討厭集客的人，會不自覺思考「該怎麼說服眼前的顧客掏錢購買」。但是，就算你這麼想，實際上，你並無法控制顧客的行為。因為決定權在顧客手上。就像你無法控制天氣一樣。

人的注意力如果過度集中在無法控制的事物上，便會感受到巨大的心理壓力，也就是因為這樣，有些人才會討厭集客。

但是邂逅，只要自己主動出擊，就能增加遇到的人。所以想無壓力集客的人，可以採取行動來增加邂逅次數。

將行動力集中在可控的事物上，做越多，成果就越好。這會讓你對集客有感，同時湧現幹勁，可以更愉快的接觸越來越多人。

雖然想讓業績成長，就必須努力提升簽約率，但你也需要了解，最後決定是否購買產品或服務的人是顧客，所以別過度執著、介意顧客為什麼沒買產品。

這個人買不買？第一眼根本看不出來

相信看到這個說法：「會成為顧客的人，只占邂逅人數的一半或百分之一」時，會有人表示：「太辛苦了！難道沒有更有效率的方法嗎？」也有人覺得：「接觸看起來有可能購買產品的人，不是更有效率嗎？」

但是這其實相當困難。因為你根本不知道未來誰會變成你的顧客，我們無法事前預測這一點。

有些人給人第一印象很好，讓你覺得對方有可能會購買你的產品，但實際上，他不見得會成為你的顧客；而原本以為看似對產品完全沒興趣的人，反而可能會透過網路下單。

所以，你要把所有能聯絡的人都當作潛在顧客，認為所有人都有可能購買產品。不要只把你覺得「有希望購買的人」當作潛在顧客。

從這樣的角度來想，你便會覺得在交流會上交換的每一張名片，以及在社群媒體上認識的每一個人都非常寶貴。

每當我這樣說明後，有些人會想起手上大量的名片，覺得自己浪費了很多機會，也有人會覺得應該要問來店顧客的聯絡方式。

光是有這樣的思考轉換，之後就能讓集客變得更加順利。

不過，這時候可能出現一種狀態，就是有人看著手上一疊名片，心想：「聯絡一百個人太辛苦了。」於是只挑了幾張名片，根據上面的資訊，聯繫對方。

要注意的是，此時重點**不是減少聯絡人數，而是調整方向，有效率的**

聯絡大多數人。

舉例來說，使用網路工具，就能輕鬆且有效率的傳訊息給他人。

免費、折扣，都是拉近距離的誘因

步驟一是邂逅顧客，接下來是步驟二——與顧客拉近距離，為此，必須先從「付出」開始。

在商場上，付出並非難事。

如同英語補習班會提供免費的體驗課程，或上十次課只要一萬日圓的優惠體驗課程服務，你也可以像這樣提供低價或免費的服務。這樣一來，就能解除顧客的不安，像是「怎樣的課程？」、「是什麼老師？」、「講義有什麼用？」、「我的程度跟得上嗎？」等。其他付出例子，包括：汽車試駕、化妝品試用或公寓大樓的樣品屋等。

此外，**提供資訊也是一種付出**。有些公司會郵寄紙本內容，也有公司會利用電子報定期提供資訊。能獲得有用的資訊還完全免費，這會讓人對該公司產生信賴感。

其他付出方法，我會在第四章詳細解說。

我很常聽見有人表示：「現在有很多集客工具，像是電子報或社群網站，我不知道一開始要選哪個比較好。」、「不知道該怎麼判斷要使用哪個工具或媒體，才會有效果。」，或是「工具太多，學不完……」等。此外，不論現在還是未來，很多工具或媒體成為熱潮、流行一陣子，之後就會被新工具和新媒體取代。

但**不管哪個工具或媒體，在集客上只有兩種用途**：邂逅、拉近距離。

◎邂逅的工具

用現實生活來比喻，邂逅工具相當於交流會。目的是創造新的邂逅機會（見下頁上圖），所以必須盡量到人群聚集的地方。網路工具或媒體也一樣，若想與人邂逅，要盡量選用多數人用平臺或程式、活用時下流行的社群媒體等工具。

◎拉近距離的工具

用交流會來比喻，拉近距離的工具，可以當成與邂逅者交換聯絡方式的手段，目的是加深彼此的關係（見下頁下圖）。難得去交流會，如果不交換聯絡方式，就不會有後續進展。這就像在網路上，請大家來看社群媒體或部落格，卻沒有請對方留下電子郵件等聯絡方式。這樣一來，就沒辦法聯繫對方了。

■ 集客工具有 2 種用途

邂逅的工具

網站、
部落格、
社群媒體、
網路商城、
廣告、
……等。

目的是創造全新的
邂逅機會。

拉近距離的工具

電子報、
聊天工具、
DM 行銷、
電話、
……等。

目的是加深與對方之間的
信賴關係。

也就是說，**向你有興趣的人詢問聯絡方式**，之後就有機會繼續交流、拉近彼此的距離。

不只電子報，所有能傳送訊息的工具，都能幫助我們跟人拉近關係。線下活動也一樣，只要請對方留下電話或住址，我們就可以主動聯絡對方，所以電話跟地址也是能拉近距離的工具。

集客就是不斷提供價值的過程

看到這裡，或許有人覺得：「說好聽是付出，但其實只是為了讓對方花錢買東西而已。」、「到頭來還是為了自己。」

其實如果這樣想，內心就會踩下煞車，反而難以做出集客行動（第六章會敘述原因）。

事實上，**在所有步驟中，我們都會付出**（見下頁圖）。例如，在步驟一邂逅時，顧客告知聯絡方式時，我們會給贈品、折扣或免費資訊。

接著是步驟二，持續付出，跟顧客拉近距離。

當顧客想評估商品（步驟三）時，協助他們整理需求或提供資訊等，盡可能提供各種協助。

顧客購買商品後也一樣，如果你工作很認真，就是對顧客付出。因為只要能讓顧客覺得「謝謝你提供這麼好的商品給我」或「這個好便宜」的話，就代表你提供的價值超越了物品本身的價格（步驟四）。不管你賣的是幾萬日圓套餐、數十萬或數百萬日圓的畫作，或是數千萬日圓的汽車都一樣。

從這個觀點來看，集客從開始到結束，都要持續對顧客付出。

我相信會拿起本書的你，應該很熱愛自己的工作或商品，想要讓更多

■ 集客就是在每個過程持續付出

邂逅

- 提供各種贈品。

▼

拉近距離

- 試用商品。
- 診斷。
- 提供資訊。
- 交流。
- 幫助。
- 誇獎、鼓勵。

▼

評估

- 詢問。
- 整理課題。
- 提供選項。
- 提供選擇基準。
- 提出解決方案。

▼

購買

- 解決問題。
- 達成目標。
- 幸福的心情。
- 物超所值。

的人幸福。有了這樣的想法，那麼你的商品價值，肯定能讓顧客認為比自己支付的金額高出好幾倍。

不僅如此，**你在售出商品為止的集客流程中，已為許多人提供價值**。如果能讓許多人感到開心，又能確實留下利益，這便會是一個非常棒的商業活動。

在集客的四步驟中，有很多方法能持續對顧客付出。第四章會介紹各種方法，可以參考其內容，找出適合你的方式。

最強集客術重點整理

- 集客分成邂逅、拉近距離、評估、購買等四步驟。
- 重點不是「買什麼」，而是「跟誰買」。
- 集客最重要的是邂逅。
- 營收穩定＝穩定邂逅。
- 持續付出，才能拉近距離。
- 集客就是一系列「提供價值的過程」。

第三章

賺錢公司都在用的成功邂逅祕笈

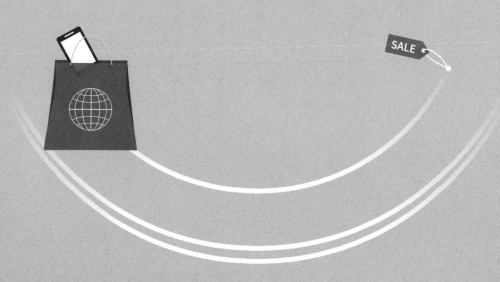

本章將會解說「集客四步驟」的步驟一——邂逅。那麼，該怎麼做才能邂逅的機會增加呢？

找對宣傳管道，某婚友社營收變三倍

我請一位經營婚友社的女性透過不同管道，來介紹婚友社給其他人，結果營收立刻變成三倍。

那位女性找了哪些人幫忙介紹？

其中一個是算命師。某些人出現結婚念頭或煩惱時，會去算命，這時候，算命師就可以介紹婚友社給客人。因為他們的煩惱很明確，所以很容易成為婚友社的顧客。

事實上，我分析這家婚友社的客源時，發現比起廣告和公司網站，其顧客大多透過他人介紹，所以我才會請他們把重心放在引薦上。不只是算命師，他們還有請其他業種的人士協助。如果有介紹或簽約成功，當然少不了謝禮。

結果，經過短短一個月，營收增加三倍。這是只要增加邂逅的契機，營收就會提升的好例子。

跟導遊搏感情，伴手禮店馬上轉虧為盈

某位經營者開拓新事業，開始經營伴手禮店。在觀光地銷售伴手禮，是一種從以前就有的生意模式。

「到國外旅遊的人的確越來越多，但賣伴手禮真的有這麼好賺嗎？」

我原本這麼想。沒想到這位經營者開店後，短時間就轉虧為盈，而且營收

還比其他伴手禮店好。

我問經營者是怎麼做到的，他說，關鍵在於潛在顧客。

但誰是潛在顧客？世界上這麼多人，我們根本不知道誰會來自己國家觀光，更不可能有對方的聯絡的方式。

不過，該經營者表示，**為伴手禮店帶來潛在顧客的關鍵是導遊**。

既然導遊是帶來潛在顧客的關鍵，可是他們在哪裡？或者哪裡有賣導遊名冊嗎？

其實，想找到導遊的方法很簡單，因為導遊就在觀光巴士裡。觀光地的停車場會有很多巴士停留，導遊會在那裡休息，因為觀光客買東西的時間，就是他們的休息時間。

接觸導遊的方法也非常單純，就是跟他們說：「在巴士上肯定沒辦法好好放鬆吧，請用我們的休息室。」然後準備茶水或招待點心，一邊聊天一邊請他們休息。

當然，最後要問聯絡方式，並三不五時跟他們聯繫。導遊也會因為被親切款待，所以積極介紹那家伴手禮店。

這位經營者透過這樣的方式，和導遊慢慢的建立起信賴關係，所以導遊會把觀光客帶到他的店裡，營收因此大幅成長。後來，導遊甚至會打電話給他，告訴他觀光客最近想要什麼商品，讓他可以提早進貨。

比起只是等待顧客上門的店家，這位經營者的做法，更能使伴手禮店營收迅速成長。只要認識了一定數量的導遊時，營收就會轉虧為盈，如果持續認識導遊，就會產生驚人的利益。

不論是前面提到的婚友社還是該伴手禮店，從這兩個例子都能看出來，就算是開店做生意，只要增加邂逅的契機，就能增加營收。

「向每個人搭話」是一件很無趣的事情，所以大多數人都不喜歡做。

但其實這才是集客的最佳捷徑。

填問卷就送禮，輕易獲得顧客資訊

「對方怎麼知道我家小孩要上幼稚園？」應該有不少人會在某些時間點，收到兒童通訊教材的廣告；在孩子剛升上小學、國中或高中時，也會收到如雪片般飛來的補習班宣傳廣告等。

單純來說，廣告寄越多，營收也會越高。

雖然有很多公司都在賣兒童通訊教材，但往往是擁有最多顧客資訊的公司營收最好。**營收會和顧客資訊量成正比**，所以企業會盡可能大量取得的聯絡方式。

那麼，該如何獲得孩童的資訊？

在以前能輕易閱覽戶口名簿，容易取得資料。但是現在人們的個資安全意識逐漸抬頭，且法律對相關處理變得嚴謹，所以過去的做法不再管用，於是企業開始嘗試各種努力。

例如，獲得孩童資訊的其中一個路徑就是婦產科。

有些公司會請婦產科幫忙做問卷，然後跟剛生完小孩的媽媽說「填問卷就會送嬰兒服」等，請媽媽留下小孩的姓名、出生年月日和聯絡方式。由於可以免費拿到禮物，所以大多數人都願意填問卷，並確實留下聯絡方式。所以才出現忘記自己填過問卷的家長，在幾年後收到廣告而驚訝不已。

企業必須免費提供各種小禮物，也要回禮給協助的婦產科。為了獲得顧客資訊，他們花了不少成本。但從長期來看，這麼做仍能獲利。**潛在顧客的資訊就是如此有價值。**

這是大公司的案例，套用在小公司上也是相同的道理。

從前面介紹的幾個案例中，可以看出這個章節想說的是，營收會和潛在顧客的人數成正比。

不同的公司以相同的價格賣一樣的東西，營收卻差了兩倍或三倍時，原因幾乎都是潛在顧客的人數差異。

單純來看，擁有潛在顧客一百人和一千人的公司，營收會相差十倍。

「為什麼他們的營收這麼高？」當你覺得奇怪時，可以詢問或調查對方有多少潛在顧客，應該就會有很大的發現。

你會清楚明白：營收越高的人，潛在顧客也越多，且知道該如何遇見潛在顧客，並加深關係。

相信你得到的答案，會為你的集客帶來很大提示。

下個月生日的你，能邀請到多少人幫你慶生？

假設你一個月後要舉辦活動，不管是慶生會、賞花、尾牙、聯歡會、學習會或演講都可以。

屆時你能邀請幾個人？能預測有多少人會參加嗎？

請試著思考這個問題。

先列出手機裡的聯絡人、電子郵件、社群媒體認識的人、各種團體的成員，到底可以邀請到幾個人呢？從集客的角度來看，你能開口邀請的人就是潛在顧客。這些被你直接邀請的人，和你有一定程度的信賴關係。

實際上，我也曾經在研討會上請大家列出清單，然後預測自己能找多少人。一般來說，清單裡也包含親朋好友，所以不能算是真正的潛在顧客，不過能邀請的人數幾乎和其營收成正比。

一個營收數千萬日圓的人，大多能在自己的慶生會上找來一百或兩百個人。

◎潛在顧客＝顧客資訊＝顧客名單＝聯絡方式

雖然我在這邊用潛在顧客一詞，但老實說就是顧客名單。或者也可以稱為顧客資訊、個人資料或聯絡方式。說得更具體一點，這份資料中，包含姓名、地址、電話和電子郵件等。

另外，如果能用社群媒體或聊天工具聯絡，這也算是一種顧客名單、潛在顧客。

根據職業不同，大家會使用不同的詞彙，裡頭也會有許多專業用語。但是不用想得太複雜。**簡單來說，就是請顧客告知聯絡方式**，讓我們能夠主動聯絡，這才是重點。

◎法人資訊能用買的

前面提到的是個人資料，我想在這邊想補充一點，如果你想取得法人資料，比較沒有這麼多的限制。很多企業會把概要等資訊放在官網上，所以比個人資料更容易取得。此外，坊間還有販售各業種的法人清單，也有代發廣告宣傳或傳真的服務。

所以在生意上想鎖定某個業種時，要拿到潛在顧客的法人名單可說非常簡單。

主動認識人——偏偏很多人不想做

我要再次強調，集客的關鍵在於邂逅。與越多人接觸，營收也會隨之成長。

可是該怎麼做才能增加邂逅的次數？雖然前面介紹了幾個案例，但可能有人仍覺得做這些事情，例如透過人脈介紹、發電子報或廣告行銷等很困難。

如果是這樣的話，在那之前你可以先做一件事——**主動認識人**，這件事非常單純，只要行動，終將能讓營收成長。

這是很簡單的思考方式，只要主動參加交流會、研討會、當地聚會、業界聚會、聚餐或祭典等，就能增加邂逅次數。

集客，就是主動認識人，請把這點當作基本。雖然**集客有各種方法**，但**這個認知能讓你更有效率的開發潛在顧客**，主動出擊才是本質。不需要花數萬或數十萬元，也不需要非常高的技能。

只要尋找與人邂逅的機會，然後主動認識人，就是這麼簡單。

「這麼做有意義嗎？」因為每個人都做得到，所以有些人會出現這樣的疑問。**其實大多數人不屑或不願意做這樣的事情，所以一旦你開始行動後，反而能輕鬆獲得成果**。當然，這不會馬上反映在幾天後的營收上，而是過了幾個月後，才會出現效果，到了那時候，便會實際感受到「當時因參加活動而認識的人，帶來了許多效益」。

根據業種改變集客方法

如果是**地區限定的服務**，也可以**投遞廣告傳單**，顧名思義，就是把傳單投入每戶人家的信箱。

有一間販售學生制服及學校備品的店家，在每年進入旺季前，會在當地四處奔走投遞廣告傳單。有些人是看到傳單才跑來買制服，所以對這間店而言，投遞越多傳單，越有效果。

某位經營補習班的老闆剛開始也挨家挨戶投遞廣告傳單。據說他每天都在發傳單，直到找到第一個學生為止。找到一個學生後，後續學生會邀朋友或是兄弟姐妹一起來補習，於是集客也逐漸變得穩定。

另外，有一位魔術師也會到各家居酒屋跑業務。因為潛在顧客就集中在鬧區。聽說他跑了幾間店就會有一間談到生意，願意讓他表演魔術。之後，他慢慢增加可表演店家的數量，營收因此逐漸穩定下來。

這種集客方法很花時間，但是幾乎不花錢。或許不夠有效率，但做越多就會越有成果。

最佳集客法，會依事業的階段、業界、居住區域、狀況和個人性格等而異，所以，我認為，只有試過之後才會知道自己適合哪種方法。

大多數人都想知道「具再現性的成功方法」，但**沒有適用任何人的成功方法，也沒有任何人都能輕鬆集客的方式**。如果有的話，就不會有老闆為了訂單數而煩惱了。

我因為職業關係，有機會聽到各種集客法，但幾乎所有的人都是靠自己反覆試錯，然後創造出一套方法獲得成果。

這些方法就是直接行銷（按：Direct Marketing，簡稱ＤＭ。指直接透過可確定客人地址的媒體或媒介，向客戶傳遞溝通資訊，包括寄紙本或廣告、面對面溝通等）、口耳相傳或廣告等，絕對不是什麼新鮮的東西。但**這些人透過不停試錯並改良，昇華成充滿巧思且只有自己才會的技巧**。

其他人唯一能再現的，只有「大量行動」。

多數成功者都表示「**剛開始就是不斷的行動**」。參加所有能出席的交流會，聚餐也盡量露臉，然後去見有可能介紹顧客給自己的人。如果有社團或團體，就先試著參加，別去在乎效率的好壞，因為要去過才會知道。而且參加活動能訓練自己感受團體的氣氛，多去幾次，之後就能下判斷。

網路工具也一樣，成功者一知道新工具，就會馬上嘗試，而且同時使用各種工具。如果有多餘的資金，也會嘗試各種下廣告。唯有試過，才會知道哪種媒體反應比較好。

在這段過程中，他們會慢慢建立起適合自己的最佳集客方法。等到掌握方法，就不再是以量取勝，而是開始以質取勝。

假如一開始就追求品質，會花上非常多的時間。所以最初不要追求「最佳方法」，而是抱著「做所有能做的事情」的態度來行動。

就算一開始效果不好，還是要持續

接下來，我會慢慢聊如何提高效率，但我要先提醒讀者一件重要的事：你要打定主意，**剛開始「就算效率不好，也會持續做一段時間」**。

我開始經營培訓事業後，會出席各種不同的場合並交換名片，或是請人幫忙發傳單，慢慢創造新的邂逅機會。

在培訓事業的集客期間中（約兩個月），我每天尋覓和出席交流會或研討會。不論活動時間在白天或晚上，我都會參加，我有時甚至一天參加三場活動。還有一次，某兩個活動時間有衝突，我原本很猶豫，不知要去哪一場，結果發現這兩場活動場地很近，所以乾脆都參加了。

像這樣到處參加活動集客，最後我發現一萬日圓的培訓課程，約有三十到四十人願意參加。這段過程讓我精疲力盡，體力有點吃不消，但是做越多集客越多，得到一定程度的營收後，讓我獲得了安心感。

當時我三十出頭，但是我早就決定要「持續發傳單到四十歲」。有這樣的想法，就會產生能一路努力到四十歲的安心感。

而實際上，我也找到了有效率的集客方法，不需要再去發傳單了。但就是因為有安心感，我才會有餘力嘗試各種集客方法。

哪個社群媒體比較好？看人數

如果要參加活動的話，參加十人聚會會比只有三人的聚會更好，如果是百人聚會就更棒了——當然，如果到時候你在會場認識的人太少，那麼，即使參加人數再多的活動，也沒什麼意義。

線下活動是這樣，線上也是一樣，要多利用大多數人都在使用的社群媒體。

「為什麼那個社群媒體比較好？」每當有人這樣問我，我會很單純的回答：「**因為比較多人在用。**」

能創造大量邂逅的工具或媒體，會根據時代變化而持續改變。

我們不可能永遠只靠單一工具或媒體順利集客。畢竟在幾年前很能展現效果的媒體，放到現在，可能沒什麼成效。

所以，我建議大家要善用各種工具和媒體，並淘汰沒有成效的社群媒體。我們要做的是創造邂逅機會，然後和多方取得聯絡。只要明白這一點，再來就是配合媒體的特性運用即可。

出現全新媒體或平臺時，趁用戶還少，我們先試用並搶先布局。營運公司都希望更多人使用該媒體或平臺，所以有段時期會花錢宣傳，以拓展市場。這時，可能有越來越多人知道這項工具。早一步開始使用的目的，就是為了搭上這波潮流。

我在二〇〇二年開始使用電子報，而且是用免費的電子報寄送網站。當時電子報寄送還非常罕見，所以我開始寄送的第一天，就有兩千位讀者訂閱我。然後訂閱人數每天都會自動增加。

電子報之後換部落格開始流行。因為有很多公司在營運，使用者逐漸改用當時最流行的部落格網站。當然，這段過程中，也有許多社群平臺出現沒多久就消失了。我們不知道哪個媒體會展現成果，但是越早開始使用的人，越能抓住機會。

邂逅後，務必拿到對方的聯絡方式

前面說過增加邂逅很重要，保險起見我想再提醒各位：不要以為只要有接觸人就好了，重點在於，請對方告訴我們聯絡方式，如此才能建立顧客名單，整理聯繫資訊。

對方想多聽你的介紹，結果你們卻沒交換聯絡資訊，等於白白失去之後能接觸的機會。有些人可能在當下認為不需要跟對方往來，所以沒進一步取得對方的聯絡方式。但我們不知道對方之後是否有會需求，因此，這時必須和他維持關係直到那個時期到來。也就是說，當你參加某些活動，並邂逅到他人時，就該先交換名片，或是透過社群媒體跟對方保持聯繫。

不只是線下聚會要這麼做，在網路上也一樣。

交流會可以交換名片，但如果有人拜訪你的網站或部落格，我們也沒辦法主動和對方聯絡，這時，可以請對方訂閱你的電子報，或是加你聊天工具的好友，這樣一來，就能和對方聯絡。重新複習一次：

- 邂逅專用工具：網站、部落格、社群媒體……。
- 拉近距離專用工具：電子報、聊天工具、電話……。

接著由我們主動提供資訊，建構信賴關係，等到時機成熟，顧客就會主動上門詢問或購買商品。

不被厭惡的聰明邂逅法

利用交流會或社群媒體卻依舊不順利的人，如第一章所說，他們的特徵是目的只有尋找顧客。

抱著這種心態，會讓別人感覺「你只是來推銷的」或「這個人只是為了自己的事業來接近我」，所以幾乎不會得到人脈，是一種效率非常差的方式。

懂得集客的人不一樣。**他們參加交流會和使用社群媒體時，抱著「交朋友」或「想認識有趣的人」的心態**，因此帶著興趣和對方交流，能給很多人留下良好的印象，慢慢增加同伴或認識的人。

其實這樣的交流，在今後會成為很大的資源。因為這些人可能會介紹工作，或是協助介紹商品或活動，進而吸引更多的人脈。

總之，要記住不能向第一次見面的人推銷。一開口就介紹商品，會讓大多數的人敬而遠之。

可是，也不能什麼都不說，如果都不聊自己的事情，對方反而會不安的想：「這個人是做什麼的？」或「他到底來幹嘛？」所以應該要明確、淺顯易懂的傳達自己的工作。

這時可以不經意的聊聊成功案例。

- 做了這件事，大部分的人都能瘦五公斤。
- 這款設計讓營收成長一・五倍。
- 讓別人的小孩考上志願學校。

類似這樣，大概簡單傳達就好。這個時候不需要催促對方也來嘗試，否則就會變成推銷。可以單純介紹成功案例，**或多加一句「如果遇到有興趣的人，請務必介紹給我認識」**，這也是可行的方法。

說完成功案例，沒興趣的人就不會多說什麼，話題會自然改變。

但如果有一個人對你說的成功案例感興趣，那麼對方就會主動發問：「這有什麼效果？」、「什麼原理？」、「什麼人會買？」當對方問了這些問題，就代表對方想要知道，所以這時要說明。當你回答對方，**回答內容會變成你宣傳的機會，可以說明你自己的商品功能或特色**。

事先準備小禮物

事先準備好小禮物能讓對方對你有良好的第一印象，並加深之後的聯繫，而且這麼做，不會受個人的溝通能力影響。

其實，人們平時在買東西時，多少會看到各種禮物。例如，在居酒屋或髮廊，只要願意成為會員、留下聯絡方式，就能得到折扣、免費飲料，或下次能使用的折價券等各種小禮物。前文提到的兒童學習教材公司送嬰兒衣物，就是應用這個方法。賣化妝品或保健食品的業者，可以送試用品或樣品。

也有人會整理 Know-How 的冊子當禮物。不過，弄成紙本會花錢，所以可以製作成影片或音檔，請對方下載電子檔。

像這樣先準備好小禮物，或說一聲「之後寄小禮物給你」，那麼，交換聯絡方式及後續聯繫就變得更容易。此外，也能傳訊息問候在交流會換名片或在社群媒體上認識的人。

這些小禮物會變成步驟二「拉近距離」的第一步。說得更清楚一點，這是一種付出方法（第四章有其他付出方式的詳細內容）。

邂逅管道越多，營收就更穩定

主動尋找接觸人的機會，或註冊社群網站連接人脈，這是集客的起點。再來就是要慢慢增加邂逅方式。找到一個方式後，要讓它變得更有效率，然後趁空閒時間，慢慢創造其他的邂逅機會。

就這樣一個變三個、三個變五個，增加新的邂逅方式，營收會變得更穩定且逐漸成長。

重點是**只靠一種方式無法穩定集客**。

假設有間店每個月要找到十個新客人，他們透過以下管道尋找客源：

- 透過看板廣告：一人。
- 網路廣告：一人。

- 自家公司網站：一人
- 經由老顧客介紹：一人。
- 社群媒體：一人。
- 在家長聚會上認識：三人。
- 社區雜誌：兩人。

像這樣，雖然各個方式只吸引幾個人來店裡。但**全部加起來就是一個不小的數字**。另外，如果某顧問（其公司沒有實體店面）要自行舉辦企劃，透過演講來集客：

- 從部落格看到訊息：一人。
- 從影音網站看到訊息：一人。

- 從社群媒體得知消息：一人。
- 從電子報看到訊息：兩人。
- 從聊天工具得知消息：一人。
- 直接寄郵件邀請：兩人。
- 注意到交流會上發的傳單：一人。
- 參加者帶來的朋友：一人。

透過不同方式吸引人參加演講，總數加起來同樣是不小的數目。

潛在顧客總出現在你意想不到的地方

某個訂做西裝店的老闆跑去學茶道，我曾問他為什麼，他說可以認識有審美觀、願意訂製西裝的經營者；有一位英文家教常參加馬拉松，因為參加者之中，有很多經營者和積極學習的人；常到難訂位的餐廳用餐或參加紅酒展的人之中，有很多醫生或經營者。

就像這樣，有某個地方可能大量聚集你想找的潛在顧客。只要找到這樣的場合，集客就會變得非常輕鬆。

這跟業界的聚會不一樣，從表面上來看，我們不知道那些活動聚集了什麼人，而且也找不到任何的資訊，因為他們只是碰巧聚集在一起罷了。

所以我建議，**你可以問潛在顧客有什麼興趣，或問對方經常參加哪些集會**。你可能會驚訝自己的潛在顧客聚集在一個你完全想像不到的地方。

我想先告訴大家一個重要的思維：**邂逅方法有無限種**。

我再重申一次，**集客沒有固定的正確方法**，每個經營者都有自己獨特的方式。這些方法**可能因為時代變化而失效**。所以經營者們必須日日鑽研，持續找尋新的集客方法。

「有沒有新的媒體？」

「人更容易聚集在哪個地方？」

「是否有更好的小禮物？」

經營者需要像這樣每天持續思考。因為集客對經營者來說，是最重要的工作之一。

借用別人的力量幫你增加邂逅機會

為了增加邂逅，除了靠自己的雙腳勤跑各地外，還有什麼方法？靠自己，反義詞是靠別人。做完自己能力可及的範圍後，再來就是思考該如何借用別人的力量，使用他人力量的集客方法，可分為三種：

1. **介紹或口碑：**請顧客或同伴介紹潛在顧客。
2. **與其他企業合作：**跟經營其他事業的人合作，讓他人或他公司協助販售我們的商品。
3. **廣告：**出錢買廣告。

接下來，我會詳細介紹這幾種方法。

介紹或口碑：你的顧客自動幫你集客

集客最棒的方法，就是靠著透過他人介紹或建立口碑。這樣有很多好處，主要是以下幾點：

1. **幾乎是零成本**

因為是透過介紹或擁有好口碑，他人自然會分享給親朋好友並帶他們來找你，所以你不需要花時間或勞力。至少你不用花心思招攬新顧客，只要花力氣顧好老顧客就好。

2. **容易變成你的顧客**

別人介紹的潛在顧客因為多了一層介紹，通常都對你有某種程度的信賴感。所以就算是第一次見面，顧客有很高的機率會爽快掏錢購買。

3. **做越久，集客越輕鬆**

只要生意能做出口碑，越能增加既有顧客，而且幫你宣傳的人也會越來越多。換句話說，生意只要持續做下去，集客就會越輕鬆。

◎準備容易產生口碑的商品或場合

就算顧客再滿意，想要介紹你的公司給朋友，有時候也會不知道該如何開口。這就像你突然介紹一個幾千萬日圓的房子給別人，應該會讓很多人感到困惑。

所以除了實際要請對方購買的商品外，第一次還要附帶容易使用的試用品給對方。就跟前面提到的英語會話補習班所提供的體驗課程一樣。

例如，準備一個與你的商品或服務有關的便宜講座，也很有效果。如果參加費只需要幾千日圓，較容易推薦，被推薦的人也能輕鬆來聽講。

要注意的是，不要一開始採用一對一的形式，多數人一起參加的講座才能減緩參加者害怕被推銷的壓力。

主題要和本業有關，而且最好是高需求的東西。

設計師可以辦「行銷演講」，稅務師可以開「創業講座」等，試著找尋容易集客的主題。

另外，跟本業無關的活動也可能成為吸引客群的契機。紅酒展、讀書會、馬拉松、美食會這類輕鬆的學習會或玩樂活動，會遇到許多人主動幫你介紹客人。靠本業產品很難製造邂逅契機的保險業、師字輩職業或顧問等，大多會舉辦這一類的聚會。

另外，殯葬業也不容易製造口碑。但是可以企劃適合高齡人士的旅行等，用遊玩的方式請大家邀朋友來參加，這樣就能聚集許多人。有些公司會用這種方式，請參加者成為葬儀公司的會員，然後在未來提供服務。

◎提供試用品，就能產生口碑

就算商品再好，口碑也不會自動出現。

當然有部分顧客會主動幫你介紹產品，但終究只是少數。實際上我們必須積極影響顧客，讓他們幫忙口耳相傳。

追根究柢，要向他人介紹別人的商品不是一件簡單的事情，即使是受過訓練的業務，也很難用言語說明商品的優點。所以若想讓顧客幫我們宣傳、輕鬆介紹我們的產品，我們必須盡量減少顧客的負擔。

最好的辦法是準備傳單或是手冊，**只要交給對方，不需要多做說明就能傳達商品的優點，這麼一來，顧客也能輕鬆幫忙分發**。除了傳單跟手冊，網站也可以當作武器之一，只要讓他人分享網站資訊，喜歡的人就會主動來申購。

另外，請顧客協助分發免費的禮物，也是很有效的手段。把試用品和介紹手冊一起給顧客，請他幫忙分享給朋友。藉由這個方法，顧客不用開口，在他朋友實際用過後，就能感受到商品的優點。

◎會讓人想不斷介紹的機制

不論哪種顧客，只要商品夠好，他們都會分享給別人。**但是有這種想法和實際採取行動，其實有很大的差距**。

所以這裡的重點，在於要創造一個會讓顧客採取行動的機制。

大家可以企劃「推薦好友」之類的活動，然後送禮，例如準備折扣或優惠券等會讓推薦者開心的東西，以感謝願意幫你介紹產品的人。此外，除了好處，有限定時間的話，人們會更有動力行動，所以我們可以分期間舉辦活動，會比較有效果。

若顧客購買金額較昂貴的商品，則可以送禮券或舉辦感謝派對。

有一點要注意的是，有些人會因只有自己拿到好處而感到不好意思，所以如果要請顧客幫忙宣傳，你要提供同等品質的試用品或優惠。這麼一來，推薦人也會更容易做推薦。

與其他企業合作：從不同管道找到潛在顧客

接下來講的內容，是與其他企業合作，狹義來說，這算是共同經營事業，但本書會用更廣義的方式解釋——不單是共同經營事業，還要和其他企業一起集客或彼此合作。

與其他企業合作有各種形態，我大致上分為：對等形態的合作、善用平臺、與有潛在顧客的企業合作、收費集客。接下來我會逐一進行解說。

◎對等形態的合作

第一種是雙方立場對等的合作。

如果大家的關係不錯，可以彼此介紹潛在顧客，若沒有合作人數上的壓力，那麼會有許多集客方式，例如幾家企業一起舉行共同活動等。

小企業要靠自己集客有極限，所以通常都會找好幾間企業一起合作。經營者常會在聚會上互相認識，然後和志同道合的人一起努力。

順帶一提，**跟其他人合作進行專案，有一個很大的好處，就是你不會偷懶，事情會一直有進展**。就算集客效果較低，光是這樣跟別人合作就有意義。

在交流會之類的場合中，會聚集許多經商人士，一般來說，對方的需求也是集客。因此最受人喜歡的做法，就是**成為對方的業務**。也就是說，事先了解對方提供哪些商品或服務內容，若之後遇到看似有興趣的人就幫忙推薦。

就算無法馬上介紹顧客，只要用這種心態去對應，就能和對方變成夥伴。光是說一句「有人有需要，我再介紹給你」，就能大幅拉近距離，也能增加協助你的人。

◎善用平臺

有些公司的業務是協助業者集客或幫忙仲介，就是所謂的平臺業者。這有各種形式，例如展示會、媒合平臺、網路商城、聯盟行銷網站、地區活動等。大多需要支付展店費，但其中也有免展店費的，只要銷售時支付手續費即可。

有許多潛在顧客來到這些地方，所以在這裡的重心應該放在增加與顧客的連結，而不是銷售。

舉例來說，我建議在展示會盡量和更多的人交換名片，藉此獲得潛在顧客的聯絡方式。當然每個人的商談也很重要，但請不要只顧著商談，忽略了收集聯絡方式。

另外，在網路商城只販售廉價商品也是一個方法，**其目的是建構與顧客之間的聯繫**。然後再直接銷售主力產品，這樣利潤率也會變高。

不過某些網路商城，店家不會拿到購買者的資訊，所以不會知道是誰購買商品，這時候就必須思考，如何獲得聯絡方式。

◎與有潛在顧客的企業合作

想想看，要怎麼做才能與手上有我方潛在顧客的公司，採取某種形式的合作？

我們必須主動向本業不是平臺事業的企業提案。

前述提到的案例「兒童通訊教材向婦產科的提案」，就屬於這種，他們請婦產科向住院的媽媽發問卷，拿到問卷後，便支付婦產科一些報酬或謝禮。

還有許多例子：

- **婚友社和算命師：**這是本章開頭介紹過的案例。請算命師協助把來算姻緣的顧客介紹到婚友社。
- **律師和整復院：**律師請整復院介紹因交通事故前來治療的患者，這也很常見。
- **健康、美容商品與瑜伽老師：**請瑜伽老師介紹健康食品或美容器具給學生，也能和瑜伽以外的老師或美容沙龍等店家合作。
- **補習班和嬰兒用品：**有一些補習班會針對嬰兒用品企業的顧客，舉辦兒童學習相關的座談會。意思就是，請業者協助邀請快用不到嬰兒用品的兒童家長，這麼一來，就能透過座談會，與未來潛在客戶產生聯繫。
- **儀態訓練師和鞋店：**有些儀態訓練師會請鞋店介紹美姿美儀課程給顧客。據說接受指導走路方式的人，往往會想要一雙新鞋子，也就是說，這項合作對鞋店也有好處。

- **各種顧問和師字輩行業：**各領域的顧問常會和師字輩行業合作，因為這些師字輩行業手上的顧客有些是經營者。經營顧問會請稅務師介紹客人；研修講師會請社會保險勞務士介紹工作。反之，稅務師會介紹想創業的人給創業顧問。

（按：社會保險勞務士，可以為勞工製作基於勞動相關法令或社會保障相關法令的文件（代書），也可以提供企業在經營上的勞務管理或社會保險等相關洽詢或指導。臺灣目前沒有這種技術士。）

上述只是其中一些案例。請務必思考，對你來說，哪個業種手上可能有你的潛在顧客。

◎收費集客

不是只有付錢，如果能收錢又集客，聽起來很棒，對吧？

你可能會想：「怎麼可能有這麼好康的事。」事實上，真的有。

例如，在別人眼中你是某領域的專家，就會收到演講委託。**等你變有名，培訓公司、文化中心、商工會議所等各種地方就會來找你**。當然也有不少案例是自行提案得到採用。

這些團體通常每天都在找新的主題，在人力有限的情況下，必須企劃許多活動，所以可能會忙不過來。這種時候如果有人提供耳目一新的提案，他們大多會很開心。

如果有出版過書籍，對方也會比較想跟你合作。因為對方相對容易向上司說明合作理由，重點是必須淺顯易懂的說明自己的實績。

廣告：馬上讓人看到

集客的機制確定後，或許就可以考慮利用廣告了。

廣告的好處，就是花一筆錢能觸及到超乎想像的人數。自己去投廣告傳單，單是發一千張就很累人了，但委託廣告公司很快就會幫你投放完畢。如果是網路廣告，甚至可以馬上讓好幾萬人看見。

若是地區限定的廣告，只要找到一個效果好的媒體，或許就能長期穩定集客。另外，業界雜誌之類的刊物裡，可能也會推薦一些反應率較高的媒體。

有一點要注意：網路廣告每過幾年就會推陳出新，規則也會頻繁改變。所以不能放著不管。如果打算開始買廣告來集客，可以先接受專家的指導，或是交由專家處理會比較好。

廣告有各種類型，例如：新聞廣告、雜誌廣告、電視廣告、電臺廣告、電子報、社群媒體廣告、搜尋引擎廣告、影音廣告、交通廣告、信箱廣告、夾報廣告、業界報紙、會員雜誌、DM行銷、郵局廣告、電線桿廣告……廣告模式會不斷推陳出新，要事先收集資訊。

◎發行新聞稿

廣告以外的宣傳方法還有新聞稿。寄送可成為新聞素材的企劃給各家媒體，如果獲得採用就能免費刊登在媒體上。

但重點在於內容是否為有趣的媒體素材，換句話說就是「是否有新聞價值」。

比方說，內衣廠商每年會發表造型獨特的內衣，並博得媒體版面。因為電視臺覺得這會是有趣的新聞，能提升收視率。所以用這個方法時，重點不是介紹自家的產品，而是讓內容變成有新聞點的話題。

如果真的要挑戰，這個部分同樣可以請專家指導或代為操作。

本章介紹了許多邂逅的方法，當然還有許多方法沒有介紹，重點是大家要找到並調整成適合自己事業的技巧。

最強集客術重點整理

- 潛在顧客開發越多，營收越多。
- 潛在顧客＝顧客資訊＝顧客清單。
- 自己要主動去認識人。
- 剛開始行動，先注重數量，而非品質。
- 準備好小禮物，讓對方告訴你聯絡方式。
- 增加邂逅管道，營收會越穩定。

第四章

拉進關係——他想買東西都先找你

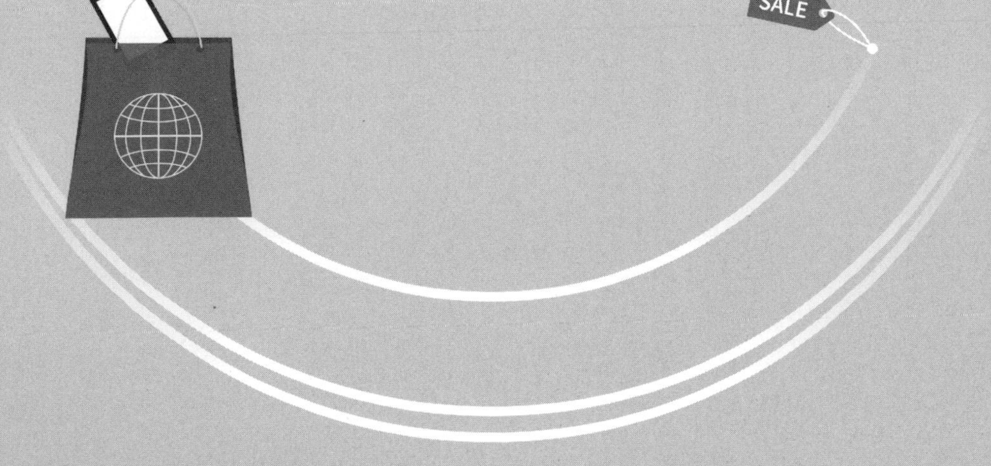

現在我們認識了潛在顧客，下一步要開始建構信賴關係。

如果你手中有三千張名片，能創造多少獲利？

有不少人拿了名片就堆到一邊。從過去到現在，應該有人已經換到兩千張或三千張名片——**你邂逅了三千個人有多少價值呢**？

我先說自己的狀況，我把曾參加我舉辦研討會的人，列成一份名單，上面約有一千人，但有段時期我卻沒有善用它，只有不定期發送資訊而已。我跟別人說了這件事之後，對方覺得很可惜，說：「**有一千人份的名單，每年就能創造三千萬日圓的收入啊！**」

同樣的，**依商品而異，就算只有交換名片，只要和三千人交換，也可能創造出一筆可觀的生意**。

突然向人推銷當然會被討厭，但如果能慢慢建立信賴關係，光是互換名片也能產生價值。對方可能會介紹其他人給你，也可能一起合作經商。既然難得有機會認識對方，記得試著打好關係。

怎麼做，他會只想跟你買東西？

請試著在腦中設定，哪些人是「你會想跟他購買」，或「如果他邀請，你就會想參加活動」。

剛開始的邂逅，也許只是單純交換名片或閒聊兩句。但後續因為一些往來，才會建構出信賴關係。是什麼契機讓你們的關係變好？對方做了什麼讓你有這樣的想法？

其實，這些問題中，存在著建構信賴關係的關鍵。

可能是因為對方曾專心的聽你商量，或在你有困難時給予幫助，也可能是因為他告訴你許多必要的知識。

同理，如果你對潛在顧客這麼做，便能建立起信賴關係，對方很可能因此想從你這裡購買商品。

即便起初只碰過一次面，名片上只有對方的姓名、住址、電子郵件等資訊，一樣可以從這裡開始建構信賴關係。

◎先用免費手冊來跟顧客建立關係

這裡一樣以兒童學習教材為例。

我家曾收到免費的兒童學習教材小冊子，內容只有幾頁，不過有可愛的角色負責說明教材內容，所以我沒多想就拿給了孩子。孩子也很開心的拿筆在教材上寫東西、遊玩。

同類型的東西寄來了好幾次，每次我都會拿給孩子。之後過了幾天，我收到付費教材的介紹小冊子。當時我心想：「糟了。」因為我的孩子已經喜歡上小冊子裡的角色了。

一收到教材的介紹，我的孩子馬上說他想要，還正經八百的說：「我會好好學習。」之後我又收到好幾次小冊子，最後我不得已申購了教材。如果一開始對方就寄了付費教材的介紹，那麼，我可能就直接丟掉，不會拿給小孩，更不會申購。

這份經驗，讓我重新認識到「銷售前先建構信賴關係」的重要性。

◎如何讓經營者想主動見你一面？

有位經營顧問每個月會寄紙本內容給見過面的經營者。

通常只要寄六個月，對方就會打電話主動約見面，而且比例非常高。

當然，這是因為他寄送的內容相當充實，所以才會有這樣的發展。

這表示，如果你有豐富的知識或經驗，只要不斷提供資訊，不需要低下頭跑業務，對方就會主動聯絡找你幫忙。

◎靠繪圖增加營收

某間設備工程公司的老闆會寄送手繪明信片給交換名片的對象，藉此建構人際關係。

他用色鉛筆畫圖、貼色紙裝飾，製作出用心、漂亮的明信片，讓收到的人捨不得丟掉。習慣之後，這位老闆提升作畫速度，所以不會在這件事耗費太多時間，而且對那位老闆來說，一邊想像對方開心的表情，一邊描繪明信片，是非常幸福的時光。

聽說這麼做之後，他聯繫對方時，對方的反應截然不同，而且能馬上安排見面，大幅縮短談妥生意的時間了。

附帶一提，該老闆不只寄明信片給潛在顧客，也會寄給廣播節目，他有喜歡的廣播節目主持人，所以每週都會寄精美的明信片過去。

後來，那名廣播節目主持人參加某個線下活動，老闆自我介紹說「我是常寄明信片的〇〇。」對方馬上就知道他，後來雙方還變成了朋友。

一分鐘的訪問，一輩子的關係

定期訪問顧客，這種業務方式也就是所謂「經營老顧客」，是一種能有效拉近距離的方法。但訪問時，可能碰到一種狀況是，對方正忙著工作，因而無法深入對話，甚至有時候訪問約一分鐘就會結束了。

此時最有效的方法，**就是把紙本刊物直接交給對方**。就算只有一張也沒關係，可以製作像新聞一樣的刊物。要注意的是，內容不要只有商品或專業領域話題，你可以寫一些自己或其他工作人員的生活記事，藉此增加親近感。

給對方紙本刊物後，下次訪問時，對方通常會主動跟你聊上面的話題，這麼一來，就能炒熱彼此間的氣氛。

親近感增加後，對方較容易找你商量或談專業領域的事情。

◎賀年卡與應酬

日本民間從以前就有寄賀年卡的習慣，其他還有暑期問候、中元問候、年終問候等，雖說這些都是維持人際關係的手段，但是近年來已經徒有形式，越來越多人不這麼做了。

而應酬也是自古就有的建構人際關係方式。

不論是賀年卡或應酬，別因為是老方法就捨棄，但也不要因為至今一直在做就持續下去，而是該從「**是否能建構人際關係**」的觀點，來決定要不要進行這類型的活動。

常見面就能產生好感

前面介紹了許多例子，都是拉近距離、建構信賴關係的手段。

有些人可能會把建構信賴關係想得很困難，但其實有一個簡單的方法。那就是頻繁見面，光是這樣就會感受到好意，打好關係。

這種思維是美國心理學家羅伯特・扎榮茨（Robert Zajonc）提倡的「單純曝光效應」（Mere Exposure Effect）。扎榮茨認為，「人類會戒備陌生人，但常常見面就會抱持好感」。

此時的重點是次數，不是時間長短。

例如，你每週會光顧某間咖啡店好幾次，應該會不自覺對店員產生好感。每個月都會去美容院的人，應該會對造型師有親近感。

咖啡店的接待客人大約兩分鐘，一週去五次總計也才十分鐘。一個月約四十到五十分，一年甚至未滿十個小時。美容院如果每次一小時，一年也才十二個小時。

假設你上了一個為期兩天總計十小時的課程，你對講師的親近感，通常也到不了咖啡店店員和造型師那般的程度。

也就是說，短時間高頻率的見面是很有效的與人親近方式。據說**剛開始，短期間多見幾次面的效果最好**。比起每三個月見面一小時，不如每三天見面十分鐘，更容易感受到親近感。

◎不見面，也能拉近距離

然而，潛在顧客這麼多，我們能如此頻繁見面嗎？

假設一個人花十分鐘，單純計算一個小時可以見六個人。但考量移動時間以及是否能約到對方等各種現實條件，一天能見到面的頂多幾個人。

所以，你可以利用不用實際見面，也能和對方接觸的方法。

例如**寄信、電話或電子郵件等**，**使用各種手段讓對方能想起你**。

尤其在現代，還能寄送影音訊息，就算不見面也能讓對方感受到親近感。有些人會定期寄送電子報，這麼做的目的也是為了頻繁和對方接觸。

接觸方式會影響親近程度

有許多方法能接觸對方，但實際見面最有效果。**寄信優於寄電子郵**

件，打電話比寄信好，直接見面更勝於打電話，也能提升自己在對方眼中的影響力。

大公司通常有好幾個業務，會經營老顧客取得訂單，或是進行顧問式銷售（按：指銷售人員以專業銷售技巧進行產品介紹的同時，運用分析能力、綜合能力、實踐能力、創造能力、說服能力完成客戶的要求，並預見客戶的未來需求，提出積極建議）。當然，這是因為公司規模夠大，所以有足夠的人事成本。

這種業務方式只有一定規模的公司能做嗎？其實並非如此。小公司只要用面對面行銷（按：直接向另一個人銷售東西）即可。

◎讓聯繫方式有差異——實際遇見的人與網路上遇見的人

要和所有潛在顧客見面不但困難，而且很沒效率。這種時候可以依潛在顧客不同，變更對應方式。

舉例來說，找出年度訂單金額較高的既有顧客，或今後可能會有大筆交易的新潛在顧客，然後定期直接拜訪他們並行銷，這也是一個好方法。

逐一訪問如果太辛苦，也可以舉辦餐會邀請這些顧客。

另外，針對那些變成實際消費者機率較低的潛在顧客，你可以寄信或明信片給他；面對變成顧客機率更低的潛在顧客，則寄送電子郵件等，根據對象，改變聯繫方式，就能善用有限的資源。

集客就是一系列付出的過程

這點在第二章已經說過，要建構信賴關係，首先要盡力付出。光是見面也能讓對方覺得有親近感，然後拉近距離。

不管是提供資訊或和對方商量，這些都屬於付出的過程。千萬不要只想著要從對方那裡獲得什麼、試圖讓對方買東西。集客只能一直付出。只要記住這一點，在集客時就不會迷惘。**不需要在每個環節，都停下來思考利害得失。**就算花少量的成本或工夫，基本上還是要選擇付出。

雖然不見得每一個行動都能直接得到回報，甚至一百人之中，可能有九十九個不會回應你，但當你堅信「透過付出，未來一定會獲得某些東西」，肯定會得到巨大回報。

◎什麼是為他人付出？

有些人會想：「我有能耐為他人付出嗎？」

其實，不需要想得太困難。因為任何小事都算是一種付出，例如：開朗的對應他人，或聽對方說話等。

你可以認為，**只要能讓對方的心情變好，就算付出**。讓對方心情變好、變得更開心、充滿能量，不論哪種說法，關鍵在於讓對方有良好感受。

所以不管你花再多的時間和金錢，如果對方無感，就不算付出。即使你是掏錢送禮物給顧客，也不會有太大的效果。

◎付出，代替顧客承擔風險

付出，也意味著是由賣方代替顧客承擔風險。

人只要碰到一點風險，就會踩煞車。特別是雙方第一次碰面，還不知道對方的為人，也不知道對方能幫自己做什麼，甚至不知道產品品質是好是壞，所以很難立刻委託或購買。

因此，我們可以先提供（付出）免費或便宜的商品或服務，請對方嘗試。例如，前面提過好幾次的英文會話體驗課程、汽車試駕、化妝品的試用品或公寓大樓的樣品屋等，這些都是代替顧客承擔風險的東西。

所以**付出時，除了要抱有讓對方開心的觀點，還可以從「該如何消除對方的不安」的角度來接觸對方，**這麼做也會很有效果。

但，我要付出到什麼時候才有回報？

集客最重要的事情之一，就是用**長期且不勉強自己的方式**持續付出。購買的時機由顧客決定，所以我們就持續付出直到時機到來。不要抱持奇怪的期待，覺得「自己付出這麼多了，對方應該會買吧」，這樣只會讓你的心情越來越難受。

我以前舉辦出版紀念演講時，有許多人到了會場，有些人一年不見，有些人則有五年不見了。

我向其中一名女性打招呼：「很久沒聯絡了，好久不見啊！」

對方聽了，卻說：「我常在看你的電子報，所以不覺得很久不見。」

像這樣，**有人過了幾個月或幾年，才變成我的顧客**，所以只要在自己能力可及的範圍持續付出即可。

拿電子報來說，就算寄送對象增加，你耗費的精力也一樣。我剛開始寫文章時也很辛苦，但習慣後就變成一種日常業務，變得跟刷牙一樣稀鬆平常。

另外，持續向在活動上遇見或是屬於某個團體的人做一些貢獻，就能慢慢建立信賴關係。這些行為會成為之後對方委託你的契機。

例如，某位研修講師在地方經營者聚集的團體中擔任幹事，且做事積極，慢慢與經營者建立信賴關係，聽說他因此得到許多工作上的委託。

當顧客開始對你沒印象，營收就會下降

據說顧客會流失的最大原因，就是顧客忘記你。

居酒屋等店鋪類型的生意，客人真的會因為這樣而沒來光顧。相信你也曾因為沒特別理由，所以就沒再去一些店消費。

如果只是等待，顧客可能會不知不覺消失。

反之，只要做一點巧思不讓顧客忘記你，就能防止營收下降。

簡單來說，就是賣家要主動聯絡顧客。我還在讀小學時，酒鋪店員每週都會來我家，然後在玄關詢問我們有無訂單。也就是所謂的上門推銷。這樣顧客就不會忘記你，也能確實拿到訂單。

不過，在現代不需要像這樣一一上門拜訪，因為可以利用網路聯絡客戶。使用電子郵件或聊天工具，就能發送訊息，光是這樣就能防止顧客忘記你。**你到某間店裡消費，店家會請你訂閱電子報或加社群好友等**，以主動聯絡你或提供新消息，藉此讓你記得他們。

我不太建議你在付出後，就想馬上從對方那裡獲得回報。**「我做了這個，所以你要做這個」，這是交易，而非付出**。

其實這種關係是一次性的，因為對方不會對你有好感或留下好印象。交易是雙方對等、等價交換，不會產生任何的感動。這樣一來，你只能透過交易和對方交流。另一方面，**如果專注於付出，那股感動就會留在對方心裡**。接著，顧客越來越想找機會報答或回報你。

這時，就算對方用某種方式「報恩」，他的心中仍然存在對你的感謝或感動。當你有困難，或是在某件事情上想努力時，對方便會主動幫你。

交易，是單次互動，但付出和衍生出的心情，能長久持續。

當然有些時候以交易形式和對方接觸，會比較合理，但不需要每次都這樣。有餘力的話，貫徹付出也不壞。

建立信賴關係的兩大要素

透過付出，能逐漸與顧客建立信賴關係，其基礎分成兩大要素：

- 專業性。
- 親近感。

以專家的身分提供知識或經驗，能使人產生信賴感。

不只是專業性，有時你還會覺得自己莫名很喜歡這個人。如果專業程度一樣，顧客通常會想跟有親近感的人購買。

所以透過付出建立信賴關係時，操作上要讓對方同時感受到專業和親近感，會比較有效果。

有什麼方法能對顧客付出呢？在介紹具代表性的方法前，我想先告訴大家，如同邂逅方法有無限種，付出方式也一樣有無限種。

本書介紹的方法，不是唯一的付出方式。

使用新工具，用新的方法，每年創造出全新的價值。只要我們持續思考，就能不斷的開發出各種方法。

本書會盡可能大量介紹原理、原則和參考案例，而非只提供答案。因為沒有只要照做就能成功的方法，集客，必須配合你的生意模式，反覆試錯讓方法更加精鍊。也就是說，最佳的集客方法只能靠自己決定。

你最容易做到的付出：體驗

在商場上，最先想到的付出，往往是提供免費或低價商品或服務。對顧客來說，能花小錢體驗感興趣的商品，是一件非常開心的事；對賣家來說可以有效過濾，吸引對商品感興趣的人。

我現在來介紹幾個商品或服務的付出方式。

- **用品、樣品**：我們可以把商品分成小包裝，像常看到化妝品或洗髮精的試用品那樣，讓顧客試用。精油或健康食品也會利用這種做法；把整復院賣的軟膏或貼布分成小份，讓顧客帶回去使用。此外，也可以舉辦活動提供試吃、試喝，讓潛在顧客參加。

• **體驗會、體驗課程：**還有一種方法是製造機會，讓顧客親自感受服務內容。

舉例來說，大多數的課程（外語、陶藝、樂器、健身房、舞蹈、高爾夫、電腦等）都有提供體驗，還有公寓大樓的樣品屋或汽車試駕，也都能讓顧客嘗試。

另外，教練或心理諮商等類型，如果能提供第一次免費服務，會比較好賣。整復院之類的地方，則能提供首次優惠體驗。

如果是販售健康器材的企業，有時會利用活動會場或量販店的展示空間舉辦體驗會，讓顧客在現場免費使用器材。

有些珠寶公司也會舉辦體驗會，讓人們配戴平常戴不了的珠寶。

地方政府有時會主辦師字輩行業的諮詢會，這也是一種體驗，在那裡可以免費詢問經營、法律或手續的問題。

飯店或婚宴會場有時會舉辦參觀會。有些飯店甚至會贈送餐廳的超值優惠券給參加的情侶。

● **初次免費**：有些設計師為了增加顧客，會推出「僅免費設計一次」的服務。若做得很好，下次就會得到付費委託。有些司儀或培訓講師，也會提供首次服務免費。

● **租用體驗**：有些案例會提供短期試用，例如可租借掃地機器人一個月，顧客喜歡再購買。

還有一些美容服務會提供昂貴的增髮設備，讓顧客租用，顧客可以在家試用後再決定要不要買。另外，有的美容服務會跟飯店合作，放一些能在家使用的美容器具供顧客試用。

顧客最想要你提供的付出：一對一諮詢

不只是體驗，顧客有時會想談一點深入的內容。為了明確對應這類需求，可使用諮詢或評估等詞彙，像是「〇〇諮詢會」或「〇〇診斷」等，這麼做，能使顧客認為能找你客觀評估狀況。

- **掌握現狀的診斷與諮詢：**針對經營或網站等提供專屬的評估項目，會讓人覺得有很大的價值。

健康診斷通常是由醫院提供，但提供瑜伽或中醫服務的人，也可以替顧客分析身體狀況；販售保險時，可以事先把人生的現金流製成表格，這麼一來，也能幫助人們做診斷；有些公司在顧客購買室內裝飾品前，會用電腦來指導和搭配設計。

上述不管哪種情況，都會提供解決方案和報價。這會銜接到下一個步驟——評估。

- **檢測程度**：檢測程度也是一種評估方式，有簡單的方法能幫你。

例如，請對方回答一些問題，或是製作量表讓對方勾選。程度可分五階段、七階段或十階段等，依你的事業內容來設定。而對經營補習班之類的事業來說，事先檢測學生程度以決定課程，更是必須做的事情。順帶一提，大型補習班會提供模擬考題給準考生，藉此獲得領取學生的聯絡方式，後續就能拉人進補習班。

另外，有些化妝品或美容公司會幫忙檢查膚況；有些美髮店則會幫忙檢查頭皮狀態。

- **類型檢測：**檢測除了程度之外，還能檢測類型。

舉例來說，網路上常看到能測驗性格類型的網站；化妝用品店的員工會根據膚色，建議適合化妝品的顏色。

類型沒有好壞或程度差別，只有區分個體之間的差異，所以不是拿來比較。你也可以提出自創分類，用原創來當作賣點。

不見面，也能拉近關係：提供資訊

試用產品或服務前先提供相關資訊，也是付出的一環。一般來說，專家的知識或經驗最受人喜愛；即便資訊和商品或服務沒有直接的關係，你也可以提供多數人都喜歡、感興趣或能鼓舞情緒的內容。

提供資訊的方式有很多，接下來介紹幾個。

- **電子報、紙本內容：**定期用電子郵件或郵寄方式提供訊息。好處是可不斷創造接點，增加接觸次數。
- **免費小冊子、書籍：**將Know-How整理成冊或書籍，能進一步提升資訊的價值。且因為書裡網羅大量內容，所以對方會比較願意翻閱，從中找需要的資訊，也可以加深理解程度。
- **聲音或影片：**除了文字訊息外，也能用聲音或影片提供資訊。對顧客來說，只要容易接收訊息，就能提升滿意度。以烹飪為例，與其用文字提供食譜、解說烹飪步驟，不如用影片介紹比較好懂。
- **演講：**如果不知道高價服務的資訊，很難讓顧客願意購買，所以可考慮透過演講來提供訊息。

例如，提供留學服務的公司能舉辦經驗分享會，請留學過的人來分享經驗；殯葬業可用「如何準備不失敗的葬禮」當題目舉辦演講；販售育兒用品公司有時會舉辦免費的育兒講座；大型補習班則舉辦免費的如何準備學測，或今年學測的傾向等演講。

附帶一提，就算是與本業毫無關係的演講也沒關係，只要能擴展關係就好。例如，有位整復師曾經受邀到照護設施辦講座，教導高齡者使用電子設備。

◎拉近距離的工具，變成邂逅工具

有人會覺得一直提供資訊，發出去的東西只會被浪費掉。

其實，發送過的資訊可以重新活用在各種東西上。例如製成小冊子贈送或賣給他人，甚至能編製成書籍。

另外，也可以把內容整理成部落格、資訊網站裡的「常見問題」，讓顧客方便搜尋。換句話說，拉近距離的工具也可以變成邂逅工具。

話說回來，你認為顧客為什麼會想知道商品或服務的資訊？可能原因如下：

- **發生問題的原因**：人們想購買商品或服務時，大多是因為想解決現在手邊的問題。但很多人不知道為什麼會出現這種狀況，也不理解發生原因或機制。這會造成顧客的不安，進而放棄改善。

所以當你傳達發生問題的原因，告訴顧客這是能解決的事時，顧客就能看見希望，他便想解決問題。

● **成功案例：**「真的能解決問題嗎？」、「一切會順利嗎？」、「如果能解決，是怎麼解決問題的？」、「如何成功？」許多人在使用商品或服務之前會有這樣的問題。

當你介紹成功案例，讓顧客知道跟自己有一樣狀況的人已經解決問題，這時，人就會產生動力，並努力解決難題。

● **商品的選擇方式：**「商品或服務有很多種，我不知道要選哪一個才好……。」很多人在購買商品時，常常因此感到不知所措。

所以，如果能區分購買的基準，顧客會很開心，當然也可以利用這個機會，宣傳自家商品的優點。

● **商品或服務的使用方法：**多數人在購買服務或商品時，會因為擔心「自己真的能妥善使用嗎？」或「真的適合自己嗎？」而猶豫不決。所以，要詳細說明該如使用商品或服務，或介紹既有顧客的案例，這樣就能讓顧客安心。

例如，成為健身房會員前，有不少人會擔心自己只有三分鐘熱度。所以要為這些人介紹一些能定期來運動的訣竅。

- **訣竅或技巧：**一些小訣竅或技巧也會讓顧客開心。

例如，能簡單維修設備的訣竅，或快速化妝的技巧等，依照你提供的商品或服務而有不同。

- Q&A：可以收錄顧客的問題進行回答。只要用這個方法，就會有用不完的材料。

- **實用工具：**素材集、模版、檢查表、任務清單等實用的工具，也會讓顧客覺得很有幫助。
- **業界動向：**可在第一時間，傳遞與顧客的生活或事業息息相關的資訊，例如業界動向或法規修正等。
- **統計或問卷調查：**請顧客填寫問卷再整理出一個結果，這也算是一種資訊。此外，若能提出統計資料，更能增加說服力。
- **參考書或參考電影：**值得參考的書籍或電影，比你想像的還受顧客喜愛。以我自己來說，我曾向顧客介紹過電影而獲得好評，因為裡頭能學習到成功的商業思維。

當顧客對商品或服務產生興趣的同時，他們也會對賣家感到好奇。於是想要了解，是哪種公司或什麼人在經營。很多時候，顧客還會看自己和賣方是否有共鳴，藉此判斷要不要購買。

此時如果能傳遞以下訊息，就能讓顧客理解你這個人。

- **日常生活的小事：**寫一些體驗或從中學到的事，便能自然的傳達你的人品或想法。
- **你過去的失敗經驗：**最能得到共鳴的，就是失敗經驗和甘苦談。克服了過去的辛苦，所以才有現在的成果，只要讓顧客知道這點，可望大幅拉近彼此的距離。

- **成功經驗：**同時傳達失敗經驗和成功經驗，能展示你的專業性和可靠性。可以談談自己做了什麼巧思，如何克服困難等。
- **經營理念：**「為什麼會開始這個事業？有什麼願景？」我建議大家要不斷傳達這些想法，因為只提到一次，無法深刻觸動顧客的內心。

與商品或服務無關的資訊，也能吸引對方

如果發送的訊息都是商品或服務的專業話題，有時會讓人感到疲憊。所以也可以提供一些對方可能感興趣、輕鬆的訊息。

- **好康資訊：**美味餐廳的冷門時段、可便宜購買人氣商品的方法、

當日限定的特價資訊……有很多資訊會讓人感到開心。

- **最新消息**：大家都對最新的話題感興趣。例如，最新景點、話題商品的評論或最近看的書等。儘早體驗和分享新商品或新景點，都能讓顧客繼續看下去。
- **有趣的故事**：令人會心一笑的內容，能替日常生活添加一點趣味。談談自己最近的小失敗，也是不錯的話題。
- **訣竅或技巧**：日常生活與職場的小訣竅或技巧也很受用。記得根據客群，提供不同的技巧。

● **話題：**這裡指的是朝會、跑業務時可用來當作話題的內容。這類話題受到人們喜愛，因為有很多人覺得花時間找話題很辛苦。

● **名言：**能打氣或給予勇氣的名言也會受人喜歡。古今中外的名言非常多，所以不會有用盡的一天。

雖然前面介紹了不少切入點，但相信還是會有人不知道該寫什麼。不知道該寫什麼，是因為想從零開始寫文章。要無中生有變出一篇文章，不管是誰都會卻步。事實上，**發送的內容不是從零創造，你可以回想平常跟顧客的談話，並把這段過程轉變成文章。**

舉例來說，你平常會回答顧客的各種問題。**有人問就代表其他顧客也可能想知道，所以這個資訊是有價值的，**只要把它整理成一篇文章，再傳達出去即可。所以，先回想一下至今和顧客聊過什麼。

贈品一定有效，關鍵在於怎麼給

贈送小禮物能增加與潛在顧客接觸的機會，也是一種加深信賴關係的方法。接下來，我會介紹幾種不同的操作手法。

- **過節送禮：**過節可以考慮送禮給關照過你的顧客，或是今後有可能下大筆訂單的潛在顧客。

- **賀年卡、暑期問候、耶誕賀卡：**雖然每年只有一次，但或許是讓顧客想起你的好機會。在日本很多人會寄賀年卡，但寄送耶誕賀卡還沒變成一種習慣。也就是說，寄送耶誕賀卡能讓顧客留下更深刻的印象。

- **輔銷品：**所謂的輔銷品，通常指在實體通路端輔助銷售的設計內容，例如桌曆、資料夾、原子筆、鏡子或馬克杯等。贈送輔銷品，是自古就有的方法。雖然輔銷品可能跟自己的商品或服務無關，但是只要顧客一直放在手邊使用，就能想起你。

製作輔銷品時，可以詢問相關公司拿到報價。

最厲害的一種邂逅，介紹你的人脈給別人

- **介紹人脈：**介紹人脈是一件讓人非常開心的事情。可介紹以經營者為對象的保險業或顧問等，看似與經營者利害關係一致的人彼此認識。

另外，餐飲店的老闆也可以介紹單身客人互相認識。

假設你平時經常介紹各種人脈，那麼，他人在有需求時自然會找你：「你認識會ＸＸＸ的人嗎？」**這樣一來，就能聚集各種人的需求，協助大家媒合**。越是介紹人脈，你的人脈會越來越廣。

- **提供場合或同伴**：除了一對一介紹人脈，也可以提供場地、舉辦活動，讓大家聚在一起交流。這種場合除了能聚集既有顧客，也可以讓潛在顧客參加。此外，可以根據是既有顧客或潛在顧客，來設定參加費，或讓可參加的活動種類、次數所有不同。

其實，這就是集客四步驟的第一步——邂逅。聚會活動可舉辦紅酒會、暢銷書閱讀會、馬拉松或美食會等，也可以是跟產品或服務有關的學習會。

- **提供大顯身手的機會**：除了提供聚會場合外，如果能在聚會中提供大顯身手的機會，相信可以進一步提升顧客的滿意度。
  例如，舉辦活動時，可以找願意協助當營運成員的人，那麼，他的認真程度和滿意度，都會比一般參加者高。
  如果是辦講座，也可以請人來當講師。
- **在團體內奉獻**：地區或業界有各種團體。如果自己認識的人有參加那一類的團體，自己也可以加入其中幫忙。例如：協助各種辦公作業、會場準備或擔任幹事等。也有人會協助地區的祭典或擔任撿垃圾志工，結果認識各式各樣的人。
- **協助解決煩惱**：不管是不是自己的專業，也不管是工作或私事，總之先聽聽對方的困擾並協助解決，舉例來說，找可能派得上用場的書籍給對方，或介紹人脈，這也是一種親近的方式。

我認識一個人，他為了幫忙潛在顧客，甚至不惜到對方孫子所屬的棒球隊當教練。

有時，說幾句話就能讓對方開心

就算不是提供物品、服務或資訊，只要對方感到開心或受到關愛，你的行動就會變成付出。

讓對方心情變好的方法，只要願意思考就能想到很多。接下來我會介紹幾個方式，供你參考。

- **感謝**：「一直以來都很感謝你」、「謝謝你的閱讀」、「謝謝你再次光臨」或「上次多謝你了」等，可在各種場合傳達感謝的心情。這種方式會得到比想像中更大的效果，別忘記隨時抱有感恩的心。
- **傳達心情或尊敬的心**：「我會幫你加油！」、「我非常喜歡你的作品」、「我覺得你很重要」或「我很尊敬你」等，用語言簡單的傳達心情，也很有效果。
- **祝福**：在對方生日或結婚紀念日等重要日子，光是說聲恭喜，也能讓人開心。聽到對方有好事發生時，也可以立刻發送祝福的訊息。
- **對他人感興趣並發問**：有人對自己感興趣，是身為人最棒的喜悅。對方如果對自己感興趣，問了許多問題，又恰巧是自己的專業，那麼就會自然打開話匣子。

如果對方是經營者，即便他們想分享自己的甘苦談或成功經驗，可能沒有對象能聊。這時如果你很有興趣的聽他們說，他們就會很樂意跟你分享經驗，於是一口氣拉近雙方的距離。

這點在網路上也能輕鬆做到。例如，閱讀對方在社群平臺上的文章，然後回覆，光是這樣對方就會很開心。只要這樣聊過，就算只有一次，對方都會對你產生親近感。

我們不需要提供任何資訊，只要讓對方告訴我們就好。

- **誇獎與認同**：誇獎對方厲害的地方，能讓人非常開心。有很多人在工作或生活中不常被誇獎，所以，你只要讚美對方，就能立刻成為特別的存在。

實際碰面時，可以說「很棒耶」、「好厲害啊」或「你好努力」等來認同對方。透過社群媒體交流時，發送一些認同對方的評論或訊息也會很有效。

- **鼓勵：**如果有人意志消沉或感到不安時，開口鼓勵他們，也能給予很大的力量。如果有時間就聽他們說說話。如果只是一般網友，或許可以發訊息或留言鼓勵他們。

最強集客術重點整理

- 信賴關係會和見面次數成正比。
- 就算無法直接見面，也有各種方法能接觸對方。
- 只要讓顧客覺得心情好，就算付出。
- 持續付出，直到顧客想購買為止。
- 用專業和好感，來建立你和潛在顧客間的信賴關係。
- 付出方法有無限種。

第五章

最關鍵的時刻：評估與購買

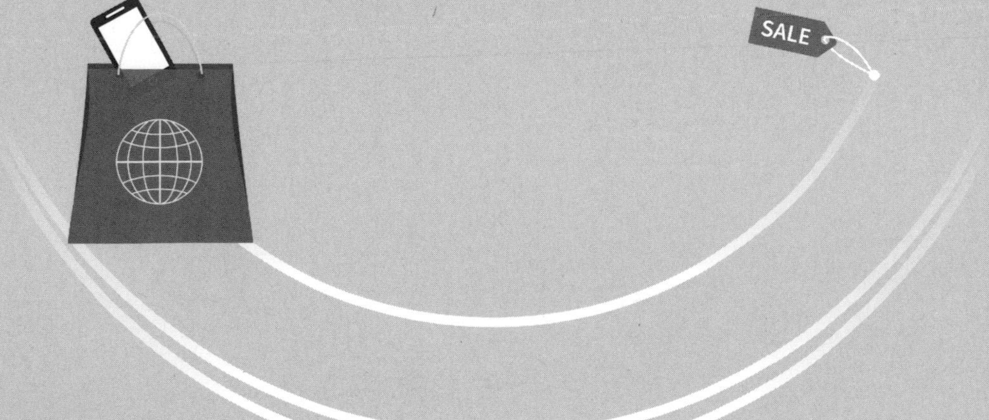

在步驟二建立好信賴關係後，就會有顧客開始評估是否購買商品。步驟三對顧客來說是評估階段，但站在賣方的角度來看，就是要開始推銷。

推銷時該注意什麼地方？本章會介紹幾個推銷重點。

你有一推出新品，就一定會買的忠實顧客嗎？

如果發售新商品第一天就有忠實顧客排隊等著購買，可就棒極了。

就像知名經營者發表的新產品、人氣遊戲系列的最新作品、新開幕主題樂園、偶像團體的新歌一樣，只要推出就能大賣，**到這種地步，根本就不需要推銷，因為一推出商品，顧客就會毫不猶豫的掏錢購買。**

就算沒有這麼極端，如果你有支持者，當你推出新商品或新服務時，對方肯定都會買單。

重點在於要讓這樣的客人越多越好。

為了增加支持者，最重要的就是步驟二的付出，和顧客建構穩固的信賴關係。對方如果想買，就會來找你商量。你不需要用各種說服或交涉技巧。因為他們本來就想買，來找你談，只是想做最後的判斷。

所以，**如果你覺得在推銷階段做得很辛苦，在嘗試其他推銷方式之前，不妨先重新審視前一個步驟，確認是否有能改善的地方。**

推銷時最重要的一點，就是抱持「沒人喜歡被強迫做事情」的想法。

舉個例子，相信許多人都有這種經驗：在學生時代，覺得「差不多要讀書了」時，突然聽見爸媽說「快去念書！」就馬上沒了幹勁。

同理，原本顧客想買某項商品，結果營業員拚命說服人購買，同樣也會讓人覺得反彈，甚至有人因為這樣就不買了。

說到底，人們都想靠自己意願行動（購買），不想被逼迫做事情。

業務工作，有八〇％靠「聽」

不只限於現在這個步驟，在所有過程中，聆聽是很重要的一環。多數人都知道聆聽的重要性，可是不清楚為什麼重要。只要邊聽邊點頭贊同就好嗎？

聆聽，能是為了讓顧客覺得「這個人懂我」、「自己和這個人有共鳴」。所以不要光聽對方說，還要試圖理解對方的狀況、想法或心情，盡可能與對方產生共鳴。這樣一來，對方就會認為你理解自己，於是決定購買。**反之，當對方覺得「這個人根本不懂我要什麼」，就不會想購買商品或服務。**

共鳴也等於付出。實際上，「對方願意聽自己說話，而且產生共鳴」，是很有價值的事。因為有共鳴就表示自己受到認同，人的內心因此獲得療癒。

而且有許多人不擅長用言語表達心情，**協助他們把想法組織成話語，然後幫忙整理問題，光是這樣就會讓他們非常開心。**「沒錯，我就是想說這個！」甚至會有人開心到這麼說。

付出，不會在進入第三步就結束。

詢問顧客時有一點非常重要，就是對他而言，什麼是理想的未來。**顧客不是想要商品或服務，而是想透過這兩者得到某一種結果。**

舉例來說，到美容院的顧客，可能是為了週末約會或隔天的會議去做準備。如果髮型設計師注意到這一點，便能仔細詢問當天的穿著、地點或想給對方哪種印象，這麼一來，顧客便覺得「這個人很想幫我的忙」。

顧客來評估你的商品或服務時，通常都是帶有某種目的。所以除了表面上問對方想要哪種商品外，還要巧妙問出顧客想透過你的商品或服務，得到哪種未來。視情況而異，可能請顧客填問卷會比較有效也說不定。

除了問出顧客心中理想的未來，也要理解顧客在目前的狀況下，有多辛苦和難受，這點也很重要。

對顧客來說，能理解這份心情的人很可貴，光是有人願意聽自己說話，便能感到放鬆。

聽出他的心情、煩惱或是希望

不能只為了博取顧客的信賴，才聽顧客的聲音。重要的是，**賣方要抱著「我想幫忙」或「這似乎能幫到他」的心情。**

越是能理解對方正處於何種狀況、煩惱什麼、心情如何，銷售就會越簡單。**傾聽，能讓你越理解顧客，也越能產生共鳴，自然會發自內心的想**

為對方做點什麼。

而且若能理解對方的煩惱，就不會想做奇怪的推銷，因為那時候的你希望能幫上對方，於是盡己所能去協助對方，而非只想賣東西。越有共鳴，越會湧現這樣的心情，最後自然能傳達給對方。可以說，簽約率會依照你聆聽的程度有相當大的改變。

你提供的不是商品，是解決方案

當對方述說的問題和自己的專業領域有關時，相信你應該會想到「這個商品能解決他的煩惱」或「這個方法應該有用」。這時，與其向對方銷售產品，不如給予建議，提出方案解決對方煩惱。

自己有解決方案卻不告訴對方，可能會讓某些人產生罪惡感，所以才會覺得一定要說出口。不只是為了自己的營收和利益，同時也是由衷想幫助對方解決問題，提議就會自然脫口而出。

先徵求對方同意，就不算推銷

有時突然開始說明商品或服務，會被顧客討厭。

所以**重點在於，每次進入下一個階段前，都要徵求顧客的同意**。

「你的問題應該用這個就能解決，有興趣嗎？」、「我剛好想到解決方案，我可以跟你說嗎？」就像這樣，說話前先試著徵求同意。然後在深入內容前時，可以問：「剛剛是簡單說明，你想聽更詳細的內容嗎？」

對方如果感興趣、想聽，就會希望你能進一步說明，而我們也能毫不猶豫的提供資訊。如果不太感興趣，對方就會說「不用、沒關係」這麼一來，就可以節省彼此的寶貴時間。

順帶一提，大多數討厭跑業務的人，都覺得要說「請務必購買」，顧客才願意下單，這點讓他們很痛苦。這是誤會，業績好的人不會說這句話。事實上，用拜託的對方反而不會買。

業績好的人，會在推銷時問顧客：「你要買嗎？」他們不會拜託顧客「請務必購買」，而是單純詢問是否要買，即使在銷售的最後一刻，也是徵求對方同意。

最後決定是否購買的是顧客，他們只是確認想法而已。

逐一解決他想買又不敢買的疑慮

有時候雖然產品符合顧客的需求，對方卻仍沒考慮購買。這種情況下，通常是因為他們有不買或不能買的理由。所以，這時你可以試著詢問對方在意什麼，或是如何才能讓對方安心購買。

顧客也可能因為莫名的不安，才會猶豫是否購買，所以透過詢問協助對方說出想法。知道理由後，就能想辦法解決問題。

例如，雖然顧客想要最新的電子設備，可是高齡者會擔心自己不會用。這時如果能協助指導使用方法，對方就願意購買。

其他還有**保證退款**、**保證成果**、**免費修理**、**分期付款**等各種提案，都能打消顧客不買產品的念頭。

再一一合理化他應該購買的理由

為顧客提供購買理由，也是重要的工作。

有句話說「**人是靠感情做決定，再用理由正當化**」。這句話呈現了一個人購買商品時的過程。

例如，看著甜點店裡陳列的蛋糕，你可能會想買來吃。但湧現「會變胖」或「好貴」等想法而猶豫。如果在這個時候，你看到店門口貼了一張紙，上面寫著「好好犒賞努力的自己」，就會想「自己這個月很努力的工作，今天就放縱自己吧」，或「明天飯少吃一點就好」等，找到一些理由，讓自己的行為變得合理。當你說服自己後，便會購買蛋糕。

人透過這樣的流程決定是否購買，所以除了想要或想買等想法，還必須有能合理行為的理由。

拿其他例子來說，如果你的工作是販售高級車，那麼，可以跟顧客說「能節稅」或「為了家人的安全」；如果販售的是海外旅遊商品，或許可以說「旅遊能為自己充電，工作產能會因此變得更高」。

銷售過程最好一對一交涉

在銷售階段會一對一交涉。這是為了依顧客的各種需求進行調整，就算你有標準的服務內容或定價也一樣。

常會有人問：「服務內容可以依顧客不同而變化嗎？」，或「只給這個顧客打折，會不會不公平？」

正因為交易是跟每一個客人分開進行。所以，**條件依交易對象而改變是很正常的**。

對會依顧客進行提案或報價的業種來說，這更是一件很普通的事。就算是相同價格的商品或服務，也常會依顧客的需求稍微改變條件。例如，**送贈品、變更售後服務內容或試情況打折等對應**。

我不建議毫無理由就降價銷售，但如果自己能確實說明其理由，那就不會有問題。順帶一提，個別的交易條件不需要讓其他顧客知道。

整理你自己的「集客四步驟」

老實說，決定顧客是否購買的關鍵，是賣方的人品。相信大家對這點能感同身受。

我朋友某次買包包時，因為不喜歡接待他的店員，所以當時沒有買。可是他很想要那款包包，所以他找一天到別間店購買了。

一般來說，不會做到這種地步。但如果是需要溝通好幾次的服務，大多數人都想跟相處起來舒服、輕鬆的人購買。所以，即使商品看起來再好，如果不喜歡某銷售人員，就不會想跟他買商品。

也就是說，必須確實磨練自己的人格或人品，才不會讓顧客對你產生不好的印象。

不過話說回來，推銷產品到最後都是看感覺——**買方和賣方是否合得來**。在這個階段，就無關人品好壞，**也就是說，即便你非常努力，對方不願意買就是不願意買**。

你肯定會碰到怎麼樣都推銷不了的對象，所以不需要沮喪，這只是因為你們合不來而已。重點是做好自己能掌控的部分，然後轉換心情，把注意力放在下一個顧客上。

到這邊詳細解說了集客四步驟中的：邂逅、拉近距離和評估。只要確實落實這幾個步驟，接下來，顧客會順利進入最後一個階段——購買。

請務必花時間整理屬於你自己的集客四步驟。一七八頁、一七九頁圖準備了幾個提示，可以協助思考。

最強集客術重點整理

- 不要強迫顧客購買。
- 仔細聆聽，讓對方覺得你們有共鳴。
- 理解顧客的理想未來與痛苦心情，並提出解決方案。
- 進入下一個階段前，要徵求同意。
- 顧客有意願購買、但猶豫時，替他消除不買的理由。
- 提供購買的理由。
- 最後是看雙方合不合得來，不需要勉強銷售給對方。

③ 評估	④ 購買
• 從顧客那裡問到什麼？ • 提供了哪些資訊協助顧客評估？	• 對顧客來說最棒的未來是什麼？ • 那個未來有多少價值？

① 邂逅

- 在哪裡邂逅？
- 得到哪些聯絡方式？
- 向對方付出了什麼？

② 拉近關係

- 該如何且持續付出？
- 怎麼提高接觸的頻率？

第六章

集客力就是你的行動力

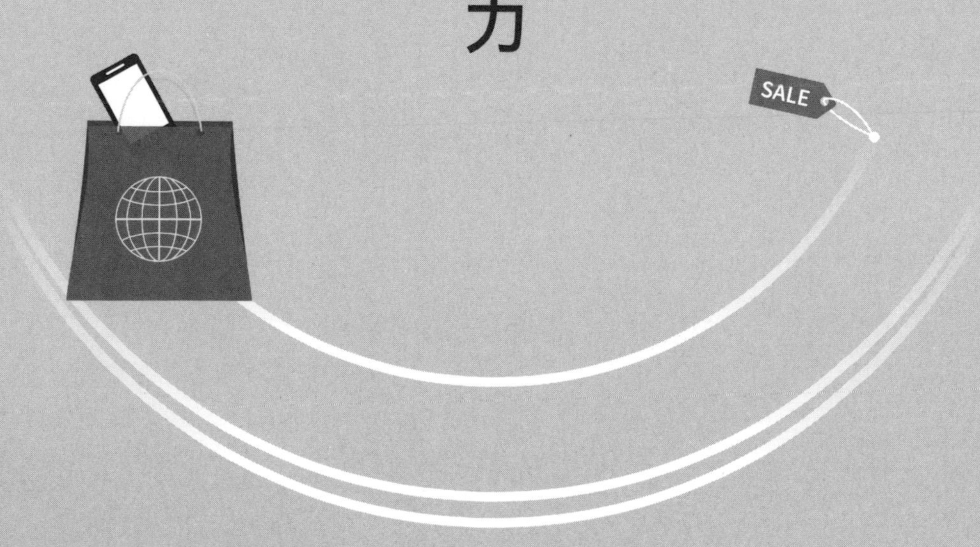

到目前為止，我逐一解說集客四步驟，但並不是只要知道方法就好。我在前文也說明好幾次，營收好壞是靠邂逅人數決定的。到頭來，營收會和行動次數成正比。

只要增加行動量就能獲利，但要增加行動次數卻沒這麼容易。如果學會方法，讓任何人都能實踐當然最好，但實際上沒這麼簡單。

經營者的心理狀態，會影響營收

其實會造成上述的瓶頸的原因，在於社長的心理狀態。

在大公司，當負責人有所變動，業績會有巨大的變化；至於小公司或一人公司，社長的心理狀態會直接影響營收。所以重點在於，社長該如何讓心理保持在良好狀態。一人公司的老闆應該更能體會，**自己因為某種原**

因而消沉時，營收就會下降；反之，則營收會提升。

我明明很有幹勁，為什麼沒能行動？

有時明明有幹勁卻遲遲無法行動。不斷拖延想做的事，結果一拖就過了好幾個月，相信每個人都經歷過這種狀況。

為何人會陷入「知道要做，卻無法執行」，或者是「莫名會猶豫不決」的狀態裡？

其理由是心理障礙。因為抗拒或害怕某個行動，所以即使知道做了比較好或有想做的念頭，卻仍猶豫不決，於是無法採取行動。對哪種行動有心理障礙，這點因人而異。

重點是必須意識到自己有這種問題，並將其逐一消除。

行銷或推銷的心理障礙有很多種，但代表性的可分為八種。我稱為八

大心理障礙：

- 匱乏感。
- 完美主義。
- 在意他人想法。
- 正確性。
- 害怕失敗。
- 沒有價值。
- 短視近利。
- 想走輕鬆路。

接下來，我會一個一個詳細解說。

1. 匱乏感

顧名思義，就是指你總覺得東西不夠充足。具體來說，例如錢不夠、營收不夠等。

有了這種感受，心態就會變成「我工作，是為了賺取不夠用的錢」。當這種意識占據你的腦袋，思維就會變成**「工作是為了賺錢」**、**「想從眼前的人身上奪取金錢」**，**或「做生意，是向對方奪取財物」**。

這些想法會在心中催生出強烈的罪惡感，進而阻攔你的行動。

2. 完美主義

「想進一步改善商品」、「傳單設計差強人意」、「網站的內容不足」等，有些人會在意各種事情，非要等到一切準備充足、完美，才肯展開行動。然而，這個世界上不存在完美，所以他們永遠都無法行動。

3. 在意他人想法

很多人會過於在意別人會怎麼想而無法行動。

例如「要是被批評，該怎麼辦？」、「若有人說我做錯了，我該怎麼應對？」或者是「被人瞧不起，該怎麼辦」等，在意周圍的目光，不斷拖緩行動速度。這樣的人會把精力放在不被人批評，而不是盡力提升成果，所以會花大多時間防備別人、靠理論武裝自己。

4. 正確性

沒摸清楚通往成功的路徑就無法行動，可能是太過追求確實性。如：

「這樣做正確嗎？」、「這麼做對嗎？」一直在花時間尋找正確答案。

若要等到「確實能成功」才打算行動，一般來說，只會讓自己動彈不得。因為事業會被當時的狀況影響，不可能會有絕對不會出錯的決策。

5. 害怕失敗

害怕失敗，也會阻礙行動。

許多人覺得自己可以毫無挫折的獲得自己希望的結果。基本上這類人沒有失敗的經驗，對失敗也沒有免疫力。

這樣一來，當他們想像到失敗時，就會陷入恐慌，擔心碰到不好的狀況，例如產品賣不掉、財政出現赤字等，會不知道該怎麼行動。於是湧現強烈的恐懼感，阻攔自己的行動。

6. 沒有價值

擁有這種心理障礙的人，往往認為自己毫無價值。

例如「自己的商品根本沒什麼了不起」，或「相較於其他公司，我的產品價值很低」等，因為對自己的商品、服務或自身沒有自信，所以才會在行銷或推銷時猶豫不決。

這樣的人總認為必須做好萬全準備，如「要等東西變得更好」，或「必須更加磨練自己」等才會願意行動，於是不斷延後銷售。

7. 短視近利

多數人都會希望能快點成功。

可是，大部分的事業都無法在短期內拿出結果，所以，如果抱著「一行動，馬上就能獲得成果」的心態，只會讓人停下腳步。

因為帶有這種想法的，人往往在第一時間沒看到結果，就馬上放棄，接著立刻被新的方法吸引然後嘗試，假設利用新方法也進展不順利的話，又會中途放棄，陷入惡性循環中。

8. 想走輕鬆路

「想輕鬆賺錢」也是阻攔行動的一大原因。

抱著這種想法，你就不會想為顧客提供價值，當事情變得有些麻煩時，會立刻感到厭煩，然後不斷尋找更簡單的方法。

上述內容有讓你想到什麼嗎？

如果你不知為何裹足不前，請務必利用下頁檢查表，來確認自己是否有八大心理障礙，相信有些人這時才發現自己符合其中幾點。

難以行動的心理障礙檢查表

- □ 強烈湧現「這個月營收不夠」或「必須賺錢才行」的心情。
- □ 覺得還不夠完美，必須進一步改善。
- □ 很在意他人的評價。
- □ 感到不安，懷疑「這麼做真的正確嗎？」或「一定會有結果嗎？」
- □ 「不想失敗」的心情很強烈。
- □ 感覺「自己的商品沒價值」，或「擔心無法讓顧客開心」。
- □ 只想快點獲得結果。
- □ 很快感到厭煩，且想尋找更輕鬆的方法。

平常在經商時，人們不會注意到自己的心理障礙。所以才會陷入「明明知道要做卻無法行動」或「沒有幹勁」的狀態。其實，有時透過這樣的提點，人才會發現自己有哪些問題。

實際上，光學習集客方法就能拿出成果的人並不多。從比例來看，大概只有一〇%左右，剩下九〇%的人則表示：「我最近有點忙……」、「有沒有其他更快看到成效方法」或「總覺得提不起勁」等，打從一開始就沒有想行動。

因為對當事人而言，困擾並不急迫，所以就不斷的拖延，而他們也不覺得那是什麼大問題。

但這樣做是拿不出成果的，所以接下來就會輪到我上場了。換句話說，我的工作有一大部分是聽對方說話，協助找出和排除心理障礙。

說到心理障礙的原因，其實是源自一個人對事物的看法，以及怎麼定義事情。

例如，如果你認為「被批評就是糟糕的人」，那麼你就會優先避免自己被批評。另一方面，如果你認為「總是有人想批評拿出結果的人」，那你就能不在乎周圍的聲音並展開行動。

批評＝應該避免的東西。

批評＝成功的證明。

明明是同一個詞，兩者的定義卻完全不一樣。換句話說，對一件事情的看法或定義會因人而異。

另外，本書已經傳達過好幾次，會集客的人認為，集客等於付出的過程；但如果你認為集客等於苦差事、為了剝奪對方或被人討厭，行動自然會受限。還有其他的定義也會因人而異，舉例來說：

免費體驗課程＝對方不買就是浪費時間。

免費體驗課程＝是很有用的做法，對方願意給機會讓我們展現優點。

免費提供資訊＝免費告訴別人太可惜了。

免費提供資訊＝貢獻社會。

社群媒體＝人際關係好麻煩。

社群媒體＝能輕鬆與人邂逅。

把廣告投遞到信箱＝好累。

把廣告投遞到信箱＝不用花錢又能確實做宣傳，還可以運動。

行銷郵件＝要製作好內容再寄出去，很累人。

行銷郵件＝能提供資訊給有需要的人。

能隨時行動的人跟會拖延、無法採取行動的人，其差異就在於對事情的看法不同。

享受過程，不要只在乎結果

該怎麼做才能提升認知、改變對事情的看法，並去除心理障礙呢？

接下來我會介紹幾個方法：

◎回想初衷

請試著回想創業時的初衷。

很多人創業的動機，是因為自己「曾經受到該動機的幫助」。

舉個例子，你應該有聽過這類的故事：有人小時候因為醫生治好自己的病，所以把成為醫生當成目標。我也一樣，會做現在的工作是因為曾經有人教導我，所以人生因此出現轉變。我不希望自己獨占一切，想要把知識傳遞給更多的人，這就是我的動機。

我工作時曾碰到各種困難，但受到許多人的幫助，也學會許多跟集客有關的事，跨越難關。所以我想把這些知識或經驗傳遞給更多的人。

一想到這點，就算錢賺不多、就算會花時間，我也想努力幫助因集客所苦的人，於是逐漸增加行動量。

◎察覺自己正在付出，享受付出

如果你是為了自己而經營事業，就會變得很痛苦。因為當腦中想著「一次就成功，然後快樂舒適的過生活」，或「說服眼前的人買東西讓自己賺錢」，大多數人會因為罪惡感而無法行動。

我再次重申，集客是一種付出的過程。在所有步驟中，你都能為許多人付出。**請回想你至今「付出」了什麼**。你肯定已經讓某人感到幸福了。

◎收集顧客喜悅的感想

讓顧客開心後，請務必蒐集他們的感想。

可以直接問他們，也可以請他們寫下來，方法有很多種。

我有時也會收到顧客的感謝郵件，我都會好好保留下來。反覆閱讀郵件能提振精神，讓你繼續努力。

◎學習成功者的思維

看到有人能毫不猶豫主動集客時，請務必向他們取經。**學習集客的方法很重要沒錯，但我希望大家能同時學習他們的思維**。

換句話說，就是把成功者的想法複製到自己身上。請試著觀察或詢問「自己會猶豫不決時，對方為何能持續行動」，試著分析他的想法。

你的價值，不會因為產品優劣而消失

許多經營者都認為，讓營收滑落的自己沒有價值。像這樣把營收和自我價值連結在一起，而感到十分痛苦。

可是，身為人的價值跟營收多寡沒有關係。

就算你的營收不多，還是有人會仰慕、尊敬或愛著你。

就算虧損或破產，你還是你。

對某人來說，你是一個重要的人。

◎在社會中的發揮作用

事業的目的，不是只有增加營收。

你的事業在社會中應該發揮了某種效果，這也能是你的事業目的。舉個例子，心理諮商師可能幫助一些人打消負面想法；餐廳可能為某個家庭帶來笑容；ＩＴ顧問可能協助維護了便捷的社會機制。

很多人因為你的事業而得到幫助，甚至是非你的事業不可。

◎目標是「大家都能幸福」

所以請不要忘記，事業要以「大家都幸福」為目標。

請試著想像，你的事業發揮作用後，會有什麼未來在等待你？會讓哪些人露出笑容？

最重要的一點，是「大家都幸福」裡，也要包含你自己。

不需要為了其他人的幸福犧牲自己。沒有人希望你犧牲。

請你透過事業讓自己幸福。

你越是幸福，就越能成為願意付出的人。

最強集客術重點整理

- 營收會和社長的心理狀態等比例。
- 心理障礙限制了你的行動，使營收無法提升。
- 人在推銷時，有八大心理障礙。
- 提升認知、轉變想法，以消除心理障礙。

後記

業務員的價值：有人因為你的產品而幸福

謝謝你閱讀到最後。我撰寫本書的目的，是為了世界上每一個正在努力集客的人。與此同時，我也重新思考什麼是集客：「是生存的義務嗎？」、「是麻煩的苦差事嗎？」、「是創造營收的手段嗎？」

有這樣的想法總讓我有些難過。

我認為集客不應該是令人難過的事，而該這麼想：「集客，從零創造與顧客之間的關係」。

從零創造，是一件尊貴的工作。而集客創造出來的，是與顧客之間的信賴與情誼，也是喜悅和感謝。我覺得工作能孕育出這些東西，是一件很棒的事。因為有人集客，所以世界上才會充滿喜悅。

透過集客，創造人與人的情誼，提示解決問題的可能性，給予有困擾的人希望，提供價值，讓對方的人生朝好的方向改變，將富裕擴展到整個社會，然後改變世界。

有人因為你的商品而變幸福；有人正在等待你的服務；有人與你邂逅後，就改變了人生。

如果沒有人集客，社會就不會成形。

社會上因有你的奮鬥，才能運轉。

書中記載了系統性的內容，整理了集客流程，變成一種機制，可持續向許多人傳遞價值。如果本書能協助你持續向更多的人提供價值，對我來說就是無上的喜悅。

國家圖書館出版品預行編目（CIP）資料

一人業務的最強集客術：一人公司、一人業務，或老闆沒給預算的一人行銷必讀寶典，四步驟讓「潛在顧客」想買時第一個找你。／今井孝著；林信帆譯．-- 初版．-- 臺北市：大是文化有限公司，2022.04
208 面；14.8×21 公分．--（Biz；392）
譯自：ひとり社長の最強の集客術
ISBN 978-626-7123-10-2（平裝）

1. CST：銷售　2. CST：行銷策略　3. CST：顧客關係管理

496.5　111002050

Biz 392

一人業務的最強集客術

一人公司、一人業務，或老闆沒給預算的一人行銷必讀寶典，四步驟讓「潛在顧客」想買時第一個找你。

作　　者／今井孝
譯　　者／林信帆
責任編輯／陳竑悳
校對編輯／林盈廷
美術編輯／林彥君
副總編輯／顏惠君
總 編 輯／吳依瑋
發 行 人／徐仲秋
會　　計／許鳳雪
會計助理／李秀娟
版權專員／劉宗德
版權經理／郝麗珍
行銷企劃／徐千晴
業務助理／李秀蕙
業務專員／馬絮盈、留婉茹
業務經理／林裕安
總 經 理／陳絜吾

出 版 者／大是文化有限公司
臺北市衡陽路 7 號 8 樓
編輯部電話：（02）23757911
購書相關資訊請洽：（02）23757911 分機 122
24 小時讀者服務傳真：（02）23756999
讀者服務 E-mail: haom@ms28.hinet.net
郵政劃撥帳號／ 19983366 戶名／大是文化有限公司

香港發行／豐達出版發行有限公司
Rich Publishing & Distribution Ltd
香港柴灣永泰道 70 號柴灣工業城第 2 期 1805 室
Unit 1805, Ph.2, Chai Wan Ind City, 70 Wing Tai Rd, Chai Wan, Hong Kong
Tel：21726513　Fax：21724355
E-mail：cary@subseasy.com.hk
法律顧問／永然聯合法律事務所

封面設計／孫永芳
內頁排版／邱介惠
印　　刷／鴻霖印刷傳媒股份有限公司
出版日期／2022年4月初版
定　　價／新臺幣 360 元
I S B N／978-626-7123-10-2
電子書 ISBN／9786267123133（PDF）
9786267123140（EPUB）